QUELQUES NOTES

SUR

PLUSIEURS VÉGÉTAUX FÉCULENS

ET LEURS PRINCIPES IMMÉDIATS;

Par M. A. Galesse,

Membre de la Société royale d'Agriculture et d'Emulation de l'Ain.

BOURG,

IMPRIMERIE DE MILLIET-BOTTIER.

—

1845.

QUELQUES NOTES
SUR PLUSIEURS VÉGÉTAUX FÉCULENS
ET LEURS PRINCIPES IMMÉDIATS (1).

> Ce qu'il y a de plus glorieux pour nous est ce
> qu'il y a de plus utile. De tous les marbres
> taillés pour les mensonges de l'histoire, nous
> n'en connaissons pas de plus mérité que la
> statue dressée à la pomme de terre sous le
> nom de *Parmentier.*

Je ne me rappelle plus où j'ai lu ces lignes, écrites
à l'occasion du monument qu'on érige à l'immortel chimiste qui a popularisé en France la culture et l'usage de
la pomme de terre, et qui s'était tellement identifié avec
ce précieux tubercule, que, naguère encore, on désignait
ce végétal par le nom de *parmentière.* — Ce n'est certainement pas dans un but dérisoire que les lignes que
je viens de transcrire ont été publiées, malgré ce qu'au
premier abord elles pourraient présenter de blessant
pour la mémoire de Parmentier : aussi je crois en faire
une application convenable en les plaçant, en manière
d'épigraphe, en tête de cette notice, où je vais vous en-
tretenir de l'importance économique des végétaux féculens *ou nourrissans*; car il est incontestable que c'est
surtout à la matière amilacée que contiennent la plupart
des racines, des tiges, des fruits et des graines, qu'il

(1) Travail lu à la Société Royale d'Emulation de l'Ain et dont elle
a voté l'impression dans son journal.

4

1846

faut attribuer leur propriété nutritive. Dans un des produits végétaux le plus éminemment nourrissans, dans la farine de froment, la fécule figure, en poids, pour près des deux tiers ; tandis que le gluten, si important comme principe de la fermentation panaire, ne s'y trouve, en moyenne, à l'état sec, que dans la proportion d'un douzième : seul, il fournirait un pain moins agréable et qui ne serait guère plus nourrissant que le pain blanc ordinaire, quoique plus azoté que ce dernier.

La nature est admirable dans ses combinaisons : c'est en l'imitant que nous arrivons presque toujours à des résultats synthétiques utiles ou curieux. Dans la plupart des végétaux nourrissans, l'amidon est uni à des principes immédiats qui le rendent sapide ; car il est digne de remarque que les organes de la nutrition ont besoin, pour procéder efficacement au grand acte de *l'assimilation*, que les substances appelées à former le bol alimentaire soient savoureuses : c'est ainsi que le chlorure de sodium devient l'élément condimentaire le plus utile que nous puissions associer à nos alimens, en rendant sapides des substances qui, de leur nature, n'ont presque aucune saveur, tels que la fécule, le gluten, la gélatine, l'albumine végétale, etc. Sans la sapidité que leur communique le sel marin ou les divers assaisonnemens qui, d'ordinaire, en rehaussent le goût, leur usage finirait assez promptement par produire l'inertie des voies digestives, faute de *stimulus*.

Je n'ai pas pour but de faire, dans cette Notice, l'histoire chimique de la fécule, de signaler toutes les applications que les arts et l'industrie peuvent en faire ; je veux uniquement la considérer dans ses rapports avec l'économie domestique, comme substance alimentaire, et rechercher dans quelles circonstances il convient de l'extraire des végétaux qui la recèlent, pour la consommer séparément, et quand il est plus profitable de l'employer sans l'isoler des principes immédiats qui l'accompagnent presque toujours. — Je tâcherai de démontrer ensuite l'importance comestible du fruit du marronnier d'Inde, si négligé aujourd'hui, après avoir occupé, dans le dernier siècle et au commencement de celui-ci, l'attention de tant de chimistes et d'hommes industrieux. La fécule de marron d'Inde est certainement, par sa blancheur, sa légèreté et la ténuité de ses molécules, égale au moins à la matière amiloïde des graminées et à celle du *Maranta arundinacea*, connue dans le commerce sous le nom d'*arrow-root*. Nous tirons celle-ci, à grands frais, de l'Amérique et de l'Inde, tandis que nous foulons aux pieds celle que contient abondamment le fruit du bel arbre qui fait encore aujourd'hui l'ornement de nos parcs et de nos jardins.

Ce que je viens de dire pourra servir d'introduction aux recherches dont je vais donner les résultats sommaires, après toutefois quelques explications préalables.

Personne ne confond aujourd'hui la fécule amilacée (*fœcula*) avec les sédimens (*fœcis*), les dépôts fibreux pulvérulens qui troublent la transparence des sucs exprimés des plantes. La fécule amilacée est cette substance végétale blanche, satinée, presque impalpable, qui se précipite et se tasse promptement au fond du vase, lorsqu'on la délaie dans l'eau froide ou tempérée; qui se dissout entièrement dans l'eau bouillante (en apparence) et prend alors la consistance de mucilage ou de gelée transparente. — Lorsqu'elle a été exactement lavée et purgée de tous les principes auxquels elle était unie, on ne lui trouve ni odeur ni saveur. A l'état de pureté parfaite, c'est toujours, chimiquement parlant, une substance identique, soit qu'elle provienne des racines ou des semences, des tiges ou des fruits des plantes les plus diverses. L'expérience démontre chaque jour que les végétaux les plus amers, les plus âcres comme les plus doux, les plus fades comme les plus aromatiques, les plus comestibles enfin comme les plus toxiques, donnent constamment une fécule privée de sapidité et pouvant servir à la nourriture de l'homme et des animaux.

Mais si les chiffres atomiques qui représentent la composition élémentaire des fécules sont invariables; si la proportion d'oxigène, d'hydrogène et de carbone qui les constituent ne présente guère de différence (1), il n'en est pas de même des caractères physiques de ces substances : ainsi leurs molécules varient de grosseur, de blancheur, de régularité dans leur forme, de pesanteur

(1) La fécule (ou amidon) est formée, selon Gay-Lussac et Thénard, de 43,55 de carbone, de 49,68 d'oxigène et de 6,77 d'hydrogène; selon Berzélius, de 44,26 de carbone, 49,07 d'oxigène et de 6,67 d'hydrogène ; selon Th. de Saussure, elle serait composée de 43,39 de carbone, 48,31 d'oxigène, 5,90 d'hydrogène, et, de plus, de 0,40 d'azote. La pesanteur spécifique de ce principe serait, selon Raspail, de 1,53, et la grosseur de ses molécules varierait depuis 1/300 jusqu'à 1/8 de millimètre. Tout le monde sait, du reste, qu'au contact de l'iode, la fécule humide se colore en bleu plus ou moins violet, et qu'à l'état sec elle prend une teinte jaune d'or. — Un chimiste distingué, M. Guérin, a reconnu que l'amidon absolument pur était composé de trois principes immédiats, auxquels il a donné les noms suivans : *Amidin tégumentaire* (ou insoluble), *amidin soluble* et *amidine* (ce dernier mot avait déjà été proposé par Th. de Saussure pour désigner l'un des produits de l'altération spontanée de l'empois). Du reste, plusieurs chimistes, au nombre desquels figure M. Payen, ont nié l'existence de l'*amidine* dans l'amidon traité à froid.

spécifique, d'aspect, etc. A l'œil nu, vous distinguerez certainement la fécule de pomme de terre des autres produits similaires ; car ses molécules sont plus développées, plus satinées, plus brillantes que celles des autres matières amiloïdes. Au reste, comme la fécule de pomme de terre, quel que soit son mode d'extraction, n'est jamais livrée au commerce à l'état de pureté absolue, il sera toujours facile d'en reconnaitre l'origine à sa saveur un peu vireuse, saveur qu'elle conserve encore (faiblement, il est vrai,) même après qu'elle a été lavée dans mille fois son poids d'eau. — Bien que les fécules soient chimiquement identiques, il est bon de remarquer que les estomacs délicats ou malades, doués d'une sensibilité exquise, souvent si insolite, supportent telle matière féculente plutôt que telle autre, même à pureté égale. — S'il s'agissait ici de faire la classification bromatologique des substances amilacées, voici dans quel ordre j'énumèrerais celles dont la *digestibilité* et les propriétés analeptiques sont le plus généralement reconnues: je mettrais en première ligne le *liken d'Islande* (privé de son principe amer), le *salep de Perse* ; puis viendraient l'*arrow-root*, le *Sagou*, le *tapioca*, la fécule de pomme de terre. Quant à la fécule de marron d'Inde, je dirai plus loin la place que je lui assigne comme aliment propre aux estomacs débiles et irritables.

Bien que je ne venille pas, ainsi que je l'ai dit plus haut, faire l'histoire de la fécule en général, je ne puis guère me dispenser, pour faciliter l'intelligence de mes recherches, de dire encore quelques mots sur la nature de ce principe immédiat, presque universel des végétaux. — Il y a encore bien des gens pour lesquels les mots *furine* et *fécule* désignent des substance identiques : —

elles sont dans l'erreur. — Quoiqu'il soit vrai que toutes les *farines sont principalement* composées de fécule, ce mot *farine* s'applique particulièrement à la matière pulvérulente, plus ou moins blanche, provenant de la mouture des céréales, et, par extension, il sert à désigner aussi celle que produisent les graines légumineuses écrasées sous la meule. — Pris dans un sens absolu, le mot *farine* signifie une poudre végétale qui a la propriété de faire avec l'eau une pâte liée, ductile, homogène, et de subir dans cet état, et dans certaines conditions, *la fermentation panaire*. Cette farine est celle du froment. Ainsi le seigle, l'orge, le maïs, le riz, etc., donnent de la *farine ;* les fèves, les haricots, les lentilles, les pois, les châtaignes, les pommes de terre peuvent se convertir aussi en *farine* ou en poudre très-ténue; mais aucune de *ces farines*, de *ces poudres*, qui contiennent de la fécule dans une proportion plus ou moins grande, ne possède la propriété qui distingue si éminemment la fécule de froment *triticum*, *la farine proprement dite*, des autres *farines*, quelle que soit leur origine. — Beaucoup de minéraux, de substances animales et végétales se réduisent, par la porphyrisation et le tamisage, en une poudre souvent presque impalpable qui, de prime-abord, peut être confondue avec l'amidon. Le mot *poudre* leur est, dans cet état, exclusivement consacré; ainsi l'on dit : arsenic, os, sucre en *poudre*, et non *farine* d'arsenic, d'os, de sucre. — Enfin pour rompre toute synonymie entre ces trois termes : *poudre*, *farine*, *fécule* (*ou amidon*), il faut considérer que les *poudres* (poussières) s'obtiennent par trituration ou porphyrisation; les *farines* par mouture, et la *fécule* par lavage ou extraction. — Il n'est pas inutile d'observer encore que, bien que les mots *fécule* et *amidon* désignent des substances tout-à-fait identiques, le premier s'applique à la chose considérée comme *aliment*, tandis que le second est consacré à l'usage qu'on en fait, soit dans les arts, soit dans l'industrie. — On mange de la *fécule*, on empèse le linge, on fait de la colle avec de l'*amidon*.

L'amidon de blé (qui, je le répète, est identiquement de la fécule) s'obtient, par voie de fermentation acide ou putride, des grains gâtés, des farines grossières de froment, connues dans la meunerie sous les noms de *recoupes*, *recoupettes*, *griots*. Les différens procédés employés pour extraire du blé ou de ses issues la matière amiloïde constituent l'art de l'amidonnier (1). Jusqu'à ces

(I) Avant la révolution de 89, l'amidon de grain (*industriellement* on ne connaissait que celui-là) était soumis, en fabrique, à un *exercice de deux sous par livre*; les amidons étrangers payaient un droit d'entrée de *quatre sous*. Un édit de février 1771 défend aux amidonniers d'acheter de bons grains pour en faire de l'amidon. Voyez encore deux arrêts du Conseil d'Etat, l'un du 20 mars 1772 et l'autre du 10 décembre 1778. Ce dernier surtout est curieux par la sévérité de ses dispositions réglementaires concernant la fabrication de l'amidon. — Les amidonniers délinquans étaient passibles d'amendes pouvant s'élever à 1,500 *livres*. Certains délits donnaient même lieu à la confiscation de tous les produits fabriqués et des ustensiles servant à la fabrication. — Les professions de perruquier, boulanger et meunier étaient incompatibles avec celle d'amidonnier. — J'ignore si l'édit et les arrêts que je viens de citer sont toujours en vigueur; il est plus que probable que depuis que la culture en grand de la pomme de terre nous a mis, en se popularisant, à l'abri des atteintes de la famine, les réglemens si rigoureux de 1778, concernant les amidonniers, aient été remplacés par des dispositifs plus doux et plus en harmonie avec la liberté industrielle. Quoi qu'il en soit, il ne serait pas inutile de relever de la désuétude (si désuétude il y a) quelques-uns des articles des anciennes ordonnances sur l'extraction de la matière amilacée; car le blé sain et ses issues devraient être entièrement *consacrés* à la nourriture de l'homme et des animaux et ne jamais être appliqués aux besoins purement industriels.

derniers temps, l'amidon de blé avait presque seul été en usage dans l'industrie qui, dans beaucoup de cas, la préfère encore, à cause de son extrême finesse, de sa ténacité et de sa blancheur, à la fécule de pomme de terre. Pourtant cette dernière peut, lorsqu'elle est bien purifiée, remplacer économiquement l'amidon dans la papeterie et la cartonnerie. — Je ferai remarquer, en passant, que la fécule de marron d'Inde réunit à ses propriétés alibiles toutes les qualités qui font préférer, dans beaucoup d'industries, l'amidon de blé à celui de pommes de terre.

Mais quel est donc, dans la physiologie végétale, le rôle que joue constamment la matière amilacée? — A quelle époque apparaît-elle dans les racines, les fruits, les graines et les autres parties des plantes où on la rencontre le plus ordinairement? — Se forme-t-elle spontanément à une certaine période de la vie végétative, par quelque réaction moléculaire des élémens qui constituent la plante, ou suit-elle la même évolution que les parties du végétal qui la recèlent? — Est-ce une substance ultime vers la formation de laquelle tendent tous les efforts de la végétation, ou un produit accessoire dont la présence ou l'absence n'apporte aucun trouble, aucun changement dans les fonctions végétatives? — Peut-elle subir, dans les organes de la plante, des modifications ou des transformations qui en changent complètement la nature? — Ces questions, et bien d'autres encore qu'on pourrait s'adresser sur ce sujet, ne sont pas indignes d'occuper l'attention des naturalistes. — De savans chimistes considèrent la fécule « comme une sorte de mu- « cilage épaissi, desséché et devenu pulvérulent, inso- « luble dans l'eau froide par les progrès mêmes de la

« végétation, et susceptible de repasser à son premier
« état par l'action combinée du calorique et de l'eau. »
— Mais par quel procédé mystérieux de la nature cette
substance qui, pendant tout le développement, toute la
vie du végétal qui la recèle, est constamment détrempée
par l'eau de la végétation, peut-elle s'y dessécher et devenir pulvérulente ? Dans la pomme de terre, par exemple,
où l'eau de végétation figure quelquefois pour *les huit
onzièmes* de son poids, comment un produit mucilagineux, soluble d'abord, peut-il, sans changer de milieu,
se transformer par épaississement et desséchement en
une matière pulvérulente et insoluble dans l'eau froide ?
— Est-ce bien là le mode de formation du principe amiloïde ? — On ne peut se dissimuler pourtant que toutes
les graines céréales et légumineuses, qui contiennent
une quantité si notable de fécule, passent, avant de
présenter aucune trace de ce dernier produit, par les
états successifs de *mucosité*, de *mucilage*, de *gelée transparente* et, en approchant de leur maturité, se solidifient
de plus en plus et se convertissent, en grande partie, en
amidon. — Comment ce phénomène s'accomplit-il ? C'est
un mystère comme tant d'autres qui s'opèrent journellement sous l'œil ébahi du philosophe.

La transformation du mucilage en fécule, dans les
organes d'un grand nombre de végétaux, est donc chose
très-plausible. Mais cette transformation a plutôt lieu,
je le crois, par voie de réactions moléculaires que par
desséchement. Long-temps avant l'époque de leur maturité, on trouve de la fécule (en petite quantité, il est
vrai) dans les tubercules de pommes de terre : la fécule,
dans cette plante, semble se former en même temps que

ses autres principes immédiats (1). Ainsi, par des procédés qui paraissent fort différens, la nature arrive souvent à des résultats similaires: comme, souvent aussi, elle obtient, par des moyens identiques en apparence, des produits qui ne se ressemblent guère.

On trouve de l'amidon dans toutes les parties des plantes, excepté dans les feuilles et les fleurs; la gomme, au contraire, se rencontre presque toujours en abondance dans ces derniers organes. Cette particularité est d'autant plus remarquable que la gomme et la fécule sont, ainsi que le sucre, des produits chimiquement identiques sous des caractères physiques différens. Il est hors de doute que ces trois substances sont dues à des transformations du même principe modifié dans l'agrégation de ses élémens organiques. — Parfois, soit normalement, soit par une cause morbifique quelconque, c'est le sucre et la fécule qui se transforment en gomme dans les loges fibreuses des végétaux; le plus souvent c'est la matière amiloïde qui se convertit en sucre. Cette dernière métamorphose se remarque principalement pendant la maturité de la plupart des fruits : je citerai surtout la *banane*, qui contient une assez grande quantité de fécule (environ 25 p. $^o/_o$) lorsqu'elle est encore verte, et qui, une fois qu'elle est bien mûre, présente à peine quelques molécules d'amidon : mais on y trouve alors une assez forte proportion de matière saccharine qui n'existait pas auparavant.

(1) J'ai trouvé, à la fin de juin, dans des pommes de terre jaunes non *hâtives*, à peine formées, de la grosseur d'une très-petite noix, 5,09 p. $^o/_o$ de fécule très-fine et très-blanche ; la matière fibreuse y figurait pour 9,83 p. $^o/_o$; la matière extractive, y compris l'albumine, pour environ 3 p. $^o/_o$, et l'eau de végétation pour un peu plus de 82 p. $^o/_o$.

La conversion de l'amidon en sucre dans diverses parties des végétaux est incontestable. Tous les jours, au reste, ne voit-on pas dans le laboratoire du chimiste, ou dans l'usine de l'industriel, la reproduction du même phénomène par la réaction ou la simple action de l'acide sulfurique sur la fécule de pomme de terre (1)? La *glucose*, n'est-ce pas de l'amidon saccharifié? Il est probable que la nature procède autrement dans les machines végétales; mais les résultats, de part et d'autre, n'offrent que peu de différence.

Ce qu'il y a surtout de singulier, c'est qu'on rencontre assez souvent, réunies dans la même plante, les matières sucrée, gommeuse et amilacée. Les végétaux où ce mélange, ou plutôt cette combinaison, a lieu, sont, en général, ceux qui offrent à l'homme et aux animaux la nourriture la plus abondante, surtout lorsque ces principes ne sont pas alliés à des *extraits* qui nuisent à leur propriété alimentaire. — Mais là où ces conditions favorables n'existent pas, l'art peut venir en aide à la nature. — Il est des plantes où la fécule se trouve associée à des matières extractives qui en rendraient l'usage ou délétère ou désagréable, si l'industrie n'avait pas découvert le moyen de la dépouiller de tout principe vireux.

Considérés comme substances alimentaires, les végétaux pourraient donc être divisés en deux grandes classes:

1° Ceux où la matière amilacée est alliée à des principes qui la rendent plus nourrissante ou qui, sans rien

(1) Selon le docteur J. Budge (de Bonn), et quelques autres chimistes, dans la conversion de l'amidon en glucose par les acides étendus d'eau, ces derniers ne sont pas décomposés; ils agissent par simple contact.

ajouter à ses qualités alibiles, lui donnent de la saveur et en facilitent la *chymification*.

2° Ceux où la fécule ne peut devenir comestibles qu'après sa séparation du parenchyme lignoïde *inassimilable* et avoir été purgée de toutes les matière extractives auxquelles elle est unie.

Les végétaux de la première classe comprennent quelques lichens, toutes les graines céréales, la plupart des légumineuses, beaucoup de fruits, un grand nombre de racines charnues, tuberculeuses, bulbeuses, tubéreuses, etc.

Dans ceux de la seconde classe se trouve également une assez grande variété de racines tendres, des troncs contenant une substance médullaire amilacée; des tiges herbacées et quelques fruits fibro-mucilagineux ou parenchymateux, parmi lesquels je ne citerai que le marron d'Inde, parce que c'est celui dont la fécule peut être extraite avec le plus de profit pour le fabricant et pour le consommateur.

Au point de vue alimentaire, il n'y a aucun avantage à extraire la fécule des végétaux de la première classe, en sacrifiant les autres principes immédiats qu'ils renferment : si l'industrie s'adresse constamment à ceux de cette catégorie pour obtenir l'amidon dont elle a besoin, c'est qu'elle est quelquefois guidée par un intérêt aveugle ou par une routine égoïste : elle agit en cela comme ferait l'enfant qui, pour n'en manger uniquement que les amandes, achèterait des dragées dont il rejetterait la couche sucrée. — Je développerai plus loin ma pensée à cet égard.

Il est, au contraire, souvent avantageux, en économie industrielle ou domestique, de tourmenter, si je puis m'exprimer ainsi, quelques-uns des végétaux de la seconde classe, qu'on laisse dans l'oubli, pour leur faire rendre toute leur fécule au détriment de la totalité ou d'une partie des autres principes qui les constituent.

Maintenant, je vais exposer les résultats de quelques recherches que j'ai faites sur plusieurs végétaux de la première classe, cultivés en Bresse; puis, je parlerai des différentes expériences auxquelles j'ai soumis le marron d'Inde, pour en éliminer le principe amer et en obtenir la plus grande somme de matière alibile.

Après les travaux si complets, si utiles, de Baumé, de l'illustre Parmentier surtout, il y a quelque témérité de ma part à traiter des végétaux nourrissans et de leur importance économique : le glanage est peu abondant à la suite d'investigateurs si habiles, si perspicaces. Aussi, ne sont-ce pas de nouvelles découvertes (je le crois du moins) que j'ose soumettre à votre appréciation; ce sont de simples recherches comparatives dont un économiste plus expérimenté que moi pourrait déduire quelque intéressante application, en approfondissant davantage la matière.

La pomme de terre est de tous les végétaux de la première classe, celui dont je me suis le plus occupé d'abord. Après avoir déterminé le nombre et la proportion de ses principes constituans, j'ai cherché quelle pouvait être la meilleure des préparations qu'il faut faire subir à cette précieuse racine, pour la mettre à l'abri de toute altération et en conserver la plus haute capacité nutritive Il serait aussi long que fastidieux de passer en revue ici tous les essais qui ont été faits par Parmentier et par ceux, en grand nombre, qui ont voulu modifier et perfectionner ses procédés, pour con-

vertir la pomme de terre en un aliment souvent inférieur à la pomme de terre elle-même, telle que le
Créateur nous l'a donnée. — Faire du pain de pomme de
terre, tel a été le rêve d'une foule d'expérimentateurs,
rêve qui, jusqu'ici, n'a pas encore été réalisé d'une
manière absolue; car dans toutes les tentatives de panification de ce genre dont on a obtenu quelque produit
passable, la farine de froment *triticum* a toujours figuré
pour une notable proportion, attendu que la pomme de
terre, de quelque façon qu'on la prépare, ne saurait
seule donner une pâte ductile pouvant subir la véritable
fermentation panaire.

Avant d'indiquer le procédé que je crois le meilleur
pour convertir la pomme de terre, unie à la farine
de froment, en pain bien levé, à mie spongieuse,
élastique et ne conservant aucun goût décelant la présence de ce tubercule, je vais vous donner le résultat
des expériences que j'ai faites en vue d'obtenir de la
pomme de terre la plus grande somme possible de
matière solide alimentaire, susceptible d'une longue et
facile conservation.

Signalons d'abord la proportion des principes immédiats de la pomme de terre cultivée en Bresse. — Ce
serait vraiment abuser de l'attention que voulez bien
prêter à cette lecture que d'entrer ici dans tous les détails
de mes opérations. Pour que leurs résultats vous inspi-
rent quelque confiance, il me suffira peut-être de vous
dire que j'ai répété mes expériences pendant deux ans,
à des époques et sur des espèces de pommes de terre
différentes; que j'ai mis à mes analyses le soin le plus
minutieux, comme si la matière expérimentée eût été
aussi rare que précieuse. — Il résulte donc de mes

recherches que, dans la pomme de terre de notre contrée, la proportion de la matière amilacée varie de huit et demi à dix-sept pour cent. Il ne faut pas conclure du rapprochement de ces deux termes que la *moyenne* soit *douze trois quarts* : bien que ce chiffre représente, dans beaucoup de localités, à peu près la proportion de fécule obtenue par les procédés d'extraction en grand, notre *moyenne réelle* est de *quatorze huit dixièmes pour cent*. — En 1843, malgré un été presque froid et la persistance des pluies, circonstances qui ont dû nuire à leur qualité, les pommes de terre que j'ai expérimentées m'ont donné plus de matières solides qu'en 1844, où la plus grande proportion de fécule que j'aie obtenue n'a pas dépassé 15 1/2, tandis que l'année précédente elle avait atteint 17 pour cent. Je ne saurais donner aucune explication satisfaisante de cette différence insolite.

De la comparaison de mes analyses de 1844 à celles de 1843, j'ai cru pouvoir conclure que nos pommes de terre, dites *patraques jaunes* et *patraques rouges*, contiennent, *en moyenne*, par kilogramme, *savoir :*

1° Fécule bien blanche . . . . 148 *grammes.*

2° Matière fibreuse, y compris la pellicule épidermique 89

3° Matière extractive moins l'albumine 22

4° Matière *albuminoïde* 8

5° Eau de végétation 735

Total . . . . 1000 grammes.

Ainsi, l'eau de végétation y figure pour un peu plus de 73, et les matières solides pour un peu moins de 27 pour cent. Dans la vitelotte la proportion des matières solides est à peu près la même; mais celle de l'amidon,

en particulier, s'élève rarement au-delà *de* 13 *pour cent.*
— La fécule que j'ai obtenue dans mes différentes expériences est plus blanche que celle du commerce : cette dernière est souvent fort mal lavée et contient des particules parenchymateuses et un peu de terre qui nuisent à ses qualités intrinsèques. Pourtant avec un peu plus de soin, et sans guère plus de main d'œuvre, il serait facile aux fabricans de fécule de nous livrer ce produit, sinon absolument pur, du moins sans les saletés qu'on y trouve ordinairement.

Ayant déterminé la proportion des principes immédiats qui constituent nos pommes de terre, je passe aux divers modes de préparation que je leur ai fait subir pour en obtenir la matière solide homogène présentant, sous le rapport du goût, de la conservation et des différens usages domestiques, le plus d'avantages possibles.

1re *expérience*. — J'ai pelé avec soin un kilogramme de patraques jaunes (c'est l'espèce le plus généralement cultivée en France) que j'ai fait, après les avoir coupées en rouelles minces, sécher au four jusqu'à un très-léger commencement de torréfaction. J'ai obtenu 258 *grammes* de matière solide se réduisant difficilement en farine : cette farine est de couleur bise et conserve la saveur peu agréable de la pomme de terre peu cuite.

2e *expérience*. — Des patraques jaunes pelées et réduites en pulpe par la rape, ont été soumises à une forte expression dans un nouet très-serré pour en extraire le plus d'eau de végétation possible. Après dessication parfaite, au four, du résidu resté dans le nonet, j'ai obtenu, par kil. de pommes de terre employées, 252 *grammes* de matière solide peu homogène. Ce produit, qu'il est très-facile de réduire en poudre, du reste, est d'un gris sale, et conserve, malgré l'élimination de la plus grande partie des matières extractives que l'eau de végétation tient en dissolution, un goût très-prononcé de pommes de terre mi-cuites.

3ᵉ *expérience*. — Des pommes de terre exactement pelées et coupées en rouelles minces, ont été mises à macérer pendant quatre jours dans dix fois leur poids d'eau froide, renouvelée toutes les douze heures : elles ont été ensuite séchées à l'étuve à une chaleur de 50°. — Ainsi traitées, les pommes de terre deviennent assez friables et peuvent se réduire en une poudre aussi ténue et presque aussi blanche que la fécule. Dans cette expérience, je n'ai obtenu, par kilo. de tubercules, que 230 *grammes* de matière solide, homogène en apparence, composée uniquement d'amidon et de parenchyme et tout-à-fait purgée des principes solubles ; mais conservant néanmoins, encore plus que la fécule du commerce, le goût *sui generis* de la pomme de terre crue. Comme substance *panifiable*, par son mélange avec la farine de froment, ce produit serait assurément fort avantageux pour le paysan, si ce dernier pouvait se le procurer à aussi bas prix que la fécule du commerce, prise en fabrique : il est de beaucoup supérieur aux farines d'orge et de maïs que, par une routine blâmable, nos laboureurs persistent à mêler à celle de froment pour en confectionner un pain aussi indigeste que désagréable au goût et qui serait plus propre à la nourriture des bestiaux qu'à celle de l'homme...

4ᵉ *expérience*. — Dans celle-ci les pommes de terre ont d'abord été cuites dans une très-petite quantité d'eau ; on les a ensuite écrasées pour en former une masse homogène qui a été divisée en très-petits morceaux de peu d'épaisseur, pour en obtenir, à l'étuve, la dessication parfaite. Chaque kilogramme de pommes de terre ainsi préparées a fourni 276 *grammes* de matière solide, d'un jaune-serin clair, pouvant se convertir facilement en farine sous la meule, et ayant un bon goût de pomme de terre cuite. J'ai répété un grand nombre de fois cette expérience sur des patraques jaunes et rouges, et j'ai toujours obtenu des résultats presque identiques. — Lorsqu'on ne pèle pas les tubercules, le poids du produit solide sec augmente de 2 à 4 p. %.

On voit que le rendement en matière solide plus ou moins alibile, obtenu dans cette quatrième expérience, surpasse celui de la première de 1 4/5 p. %; celui de la deuxième, de 2 1/5; et celui de la troisième, de 4 3/5. L'augmentation sur les deux premières expériences est probablement due, en partie, à la combinaison intime d'une petite portion de l'eau de végétation avec la fécule, par voie de solidification. Quoi qu'il en soit, il est constant que cette manière de préparer la pomme de terre donne un produit préférable à tous les autres du même genre, tant sous le rapport de la conservation que sous celui des applications bromatologiques. — La farine que fournit la pomme de terre ainsi traitée est bise-blanche; la semoule qu'on obtient des gruaux est aussi belle et plus délicate, selon moi, que celle de blé, soit qu'on l'accommode au gras ou au maigre: elle coûte trois fois moins que cette dernière et absorbe, à poids égal, un cinquième de plus de matières liquides.

La farine de pommes de terre, (cuites à l'eau ou à la vapeur) doit fixer notre attention, car elle peut s'allier à celle de froment, en notable proportion, sans faire perdre à celle-ci ses propriétés spéciales. J'insisterai ici sur le mode de dessication des tubercules après leur coction : il faut les faire sécher aussi rapidement que possible, soit au four, soit dans une étuve, à une température *qui ne doit jamais dépasser* 50 *degrés centigrades*, afin d'éviter un commencement de torréfaction qui donnerait à la farine une teinte jaune plus foncée, et exalterait la saveur vireuse de la pomme de terre, saveur déjà si difficile à masquer (1). — Il est absolument nécessaire, comme on doit bien le penser, que les tubercules soient *exactement* lavés et dépouillés de leurs filets. Lorsqu'on veut les convertir uniquement en farine, on peut se dispenser de les peler, puisque, par le bluttage, la pellicule se sépare, presque en totalité, sous forme de son. D'ailleurs, lorsque la pomme de terre est parfaitement sèche, cette pellicule y figure en moyenne pour 1/35 à peine. En supposant, ce qui ne saurait être, que tout le son restât dans la farine, en particules ténues, on en trouverait encore moins que dans la plupart des farines de froment employées en boulangerie.

Dans la note concernant la farine que les paysans emploient à la fabrication de leur pain, je reviendrai sur la farine de pommes de terre cuites.

On verra, dans le tableau synoptique qui suit, les résultats analytiques de mes expériences sur quelques végétaux nourrissans, expériences faites dans le but de déterminer la proportion de leurs principes immédiats, et surtout celle de la matière amilacée.

---

(1) Pour la semoule (de pommes de terre), cette légère torréfaction n'aurait aucun inconvénient.

REMARQUES GÉNÉRALES SUR LES PRINCIPES IMMÉDIATS QUI FIGURENT AU TABLEAU SYNOPTIQUE (1).

FÉCULE OU AMIDON. — Pour extraire la fécule des diffé-rentes farines que j'ai expérimentées, j'ai employé le simple lavage par l'eau et des décantations successives; j'ai aussi fait usage du filtre et de tamis très-serrés. Dans les amidonneries, les choses se passent autrement : c'est, ainsi que je l'ai dit plus haut, par la fermentation putride que l'on arrive à obtenir de l'amidon dépouillé de toutes les matières auxquelles il est uni. Mais, par ce moyen qui, du reste, ne donne pas toujours exacte-ment la proportion de la matière amilacée contenue dans les grains ou issues de grains dont on l'ex-trait, on détruit tous les autres principes, ou on les détériore, ou on les transforme de telle façon qu'il est ensuite presque impossible d'en faire la séparation. Le procédé que j'ai employé est long et demande une grande attention pour éviter des déchets qui nuiraient à l'exac-titude des résultats; mais comme procédé de laboratoire, il est extrêmement praticable; il obvie à la destruction des principes auxquels la fécule est associée, et procure l'avantage de pouvoir les recueillir séparément et d'en déterminer les rapports et le poids. La proportion de matière féculente que j'ai trouvée dans les différentes qualités de farines que j'ai analysées est aussi exacte que possible; s'il y a eu erreur, cette erreur ne peut être que légère, elle doit être plutôt en plus *qu'en moins.*

MATIÈRE FIBRO-MUCILAGINEUSE. — Par l'action répétée

---

(1) Le tableau en question est placé à la fin de ce travail.

des meules sur le grain et ses gruaux, la matière fibreuse se réduit en une poudre presque aussi ténue que l'amidon. Lorsqu'elle est mouillée, elle adhère tellement à une substance *mucoso-gommeuse amiloïde*, qu'il est impossible de l'obtenir absolument pure. Comme elle est un peu plus légère que la fécule et que ses particules se gonflent dans l'eau, on l'obtient, en presque totalité, en passant, après l'extraction du gluten, l'eau de lavage au travers d'un tamis très-fin. L'amidon s'échappe et il reste sur le tamis la matière *fibro-mucilagineuse*, alliée au petit son et aux diverses saletés qui n'ont pas pu suivre l'amidon (1). — C'est en lavant ce résidu et décantant doucement, à chaque fois, l'eau qui le surnage après un court repos, qu'on finit peu à peu par recueillir, dépouillée du petit son et des autres substances adhérentes, la matière fibro-mucilagineuse de la farine des céréales. Cette matière est moins blanche que l'amidon, surtout à l'état humide ; on y trouve des traces de gluten à l'état de putrilage, particulièrement dans la matière

(I) Une chose assez singulière c'est que ni Vauquelin, ni Vogel, ni Henry, n'ont signalé, dans les analyses qu'ils ont faites de la farine de froment et autres céréales, la présence de la matière fibreuse. En raison de son extrême ténuité, ils l'ont tous probablement confondue avec la fécule dont ils ont trouvé la proportion plus forte qu'elle n'existe naturellement dans les farines. Le moyen que j'ai employé en traitant les farines, pour séparer la matière fibreuse de l'amidon, n'est pas rigoureux, je le sais ; mais il suffit pour qu'on puisse s'assurer que telle farine contient plus de substance parenchymateuse que telle autre. Le mode d'essai par la diastase brute, proposé par MM. Payen et Persoz, pour reconnaître la quantité de matières étrangères associées à l'amidon, serait assurément plus exact ; mais il ne laisse pas que d'être un peu compliqué et, du reste, les résultats obtenus ne seraient pas toujours, quant à la séparation absolue de la matière fibreuse, aussi certains que ces habiles chimistes semblent le penser.

fibreuse de la farine quatrième, mais en proportions presque impondérables.

MATIÈRE EXTRACTIVE. — On l'obtient, comme il est facile de s'en rendre compte d'avance, en filtrant l'eau de lavage, qu'on fait ensuite bouillir pour coaguler l'albumine qu'elle tient en dissolution. On filtre de nouveau le liquide, après son refroidissement, puis on le fait évaporer à une douce chaleur jusqu'à siccité parfaite de la matière extractive.

On remarquera sans doute l'énorme proportion de la matière extractive que je signale dans la farine de seigle : celle que j'ai expérimentée est pourtant la farine officinale, c'est-à-dire la plus blanche et la plus pure qu'il soit posssible d'obtenir de ce grain éminemment mucilagineux : il existe probablement encore plus d'extrait dans la farine de seigle ordinaire. C'est à la présence de cette matière extractive que la farine de seigle, ainsi que celle d'orge, doit principalement la propriété de faire avec l'eau une pâte dont la ductilité approche *un peu* de celle de la farine de froment. En malaxant de la gomme en poudre avec la matière visqueuse fournie par la graine de lin traitée par l'eau froide, on obtient, en y ajoutant une proportion de fécule égale à celle qui existe naturellement dans la farine de seigle, une pâte qui présente à peu près les mêmes caractères, mais qui est tout aussi peu susceptible d'être panifiée que la farine de seigle non mélangée à celle de froment.

Je ferai observer que s'il existait du sucre libre dans la farine des céréales, dans celle du seigle et du froment en particulier (*mûrs et secs*), c'est incontestablement dans leurs matières extractives qu'on en devrait constater la présence ; car le sucre est une substance éminemment soluble et très-sapide, qui se décèle au goût le plus obtus partout où il se trouve en certaine proportion : eh bien ! jamais encore il ne m'a été *permis* de le découvrir dans la matière extractive des grains parfaitement mûrs. Il n'est pas impossible toutefois qu'il y en ait une petite quantité (1) ; mais toujours est-il qu'au nombre des principes qui rendent la farine des céréales, celle de froment surtout, si nourrissante, il ne faut nullement faire figurer le sucre. Cependant il est manifeste que le sucre existe dans les céréales avant leur

(I) Il résulte pourtant des analyses de plusieurs qualités de farines de blé français, faites par Vauquelin, que la proportion moyenne *du prétendu principe sucré* (ce sont les propres termes employés par ce célèbre chimiste) serait de 4,788 p. %, dans la farine de froment. Il en a trouvé jusqu'à 8,48 p. %, dans la farine de blé dur d'Odessa (c'est-à-dire un peu moins de moitié que MM. Avequin, Plagne, Péligot, Pelouze, etc., en ont signalé dans le *vesou* (suc de cannes). — Vogel a obtenu 5 p. %, de *sucre gommeux* de la farine de froment, *triticum hybernum* ; celle d'épeautre lui en a donné 5 1/2 p. %. Henry père, en opérant sur deux échantillons de farine de froment très-pure, dont l'un lui avait été remis par M. Darblay, n'a obtenu de ces produits que 2 p. %, de matière *mucoso sucrée*. — Selon Vogel, la farine d'avoine contiendrait 8,25 p. %, de sucre associé à un principe amer. Il n'en a trouvé que I p. %, dans le riz. Cet habile chimiste assure avoir retiré de 100 *grammes* de mie de pain sèche et réduite en poudre 3 *grammes* 60 *centigrammes* de sucre : c'est presque autant qu'il en a trouvé dans la farine, ce qui est fort surprenant ; car c'est au détriment du principe sucré préexistant ou développé spontanément dans la pâte que s'établit, avec l'aide principale du gluten, la fermentation panaire. Il est bien probable que la matière saccharoïde fournie par le pain cuit est un produit réactionnaire de la panification elle-même. — On peut raisonnablement conclure de tous ces résultats que la proportion moyenne de sucre, dégagé de toute combinaison ou association avec d'autres principes, n'a pas encore été exactement déterminée dans la farine de froment.

maturité : il faut donc que le grain perde en mûrissant (et cela contrairement à ce qui s'observe dans la maturation de presque tous les fruits), la presque totalité de son principe saccharoïde qui se transforme alors en amidon ou en tout autre produit, mais, quoi qu'il en soit, en une substance qui n'est certainement plus du sucre libre et saisissable sans l'action des agens chimiques.

MATIÈRE ALBUMINOÏDE. — Cette matière, ainsi que nombre d'habiles expérimentateurs l'ont parfaitement démontré, est chimiquement identique avec l'albumine que fournissent les œufs, le sang, la lymphe, la chair musculaire des animaux (1).

Mais, comme aliment, remplit-elle dans l'organisme la même destination que l'albumine animale, lorsqu'elle reste associée aux autres principes immédiats auxquels elle est unie dans les végétaux ? On doit le supposer ; car il est probable que c'est, en grande partie, à la présence de la matière albuminoïde dans les graines légumineuses, qui toutes sont privées de gluten, que celles-ci doivent leur propriété nutritive si éminente. Humphry Davy va jusqu'à prétendre que les fèves sont plus nourrissantes que la viande.

L'extraction de l'albumine des végétaux s'obtient en chauffant jusqu'à l'ébullition l'eau de végétation, ou de macération, ou de lavage (préalablement filtrée) du produit végétal dont on veut faire l'analyse. L'albumine

______

(1) Vauquelin nie la présence de l'albumine dans la farine de froment ; il donne à la matière qui se coagule lorsqu'on porte à l'ébullition l'eau de lavage des farines, préalablement filtrée, le nom de *matière gommo-glutineuse*. Mais Henri père, Vogel, Latini et plusieurs autres chimistes distingués, considèrent cette substance comme de l'albumine. J'ose être de leur avis malgré la grande autorité de Vauquelin.

que le liquide tient en dissolution à froid se coagule par la chaleur (1), ainsi que je l'ai dit plus haut, et il est ensuite facile de la recueillir sur le filtre pour la laver exactement et la sécher. Il résulte de mes analyses comparatives que les haricots de Soissons, cultivés en Bresse, contiennent dix fois plus de matière albuminoïde que la pomme de terre. Dans la farine de froment, ce principe immédiat azoté figure en moyenne pour 1 1/2 p. %, tandis que dans celle de seigle, sa proportion s'élève à près de 3 1/2 p. %.

GLUTEN. — Le gluten est cette matière d'un blanc grisâtre, ductile, élastique, insoluble, qui reste entre les doigts lorsqu'on malaxe avec précaution, sous un très-maigre filet d'eau froide, un morceau de pâte ferme, non fermentée, de farine de froment. Cette substance, extraite pour la première fois du végétal qui la recèle, il y a environ quatre-vingts ans, par Beccari, et presque en même temps par Kessel-Meyer, a été l'objet d'un grand nombre de recherches dont je ne parlerai pas ici. Je me contenterai de donner sommairement, sous forme de notes détachées, quelques observations que j'ai faites accessoirement sur ce produit végéto-animal

Note première. — Après trois jours de macération dans l'eau, à 11 ou 12° centigrades, le gluten change d'aspect et de consistance ; il devient presque diffluent, mais il conserve son odeur *sui generis* et ne rougit pas le pa-

_____

(1) Il ne faut pas que la quantité d'eau employée au lavage de la substance dont on veut extraire l'albumine soit trop considérable ; car (le phénomène est digne d'être signalé) lorsque ce principe a été dissous dans une trop forte proportion d'eau froide, il perd la propriété de se coaguler par la chaleur, même à une température dépassant celle de l'eau bouillante.

pier de tournesol. En le pétrissant alors dans l'eau, il laisse échapper la très-petite quantité d'amidon, de son très-ténu et de particules terreuses qu'il retenait à l'état frais, malgré le lavage et le pétrissage le plus énergique.

Au bout de six jours de macération, (toujours dans la même eau), il perd complètement son élasticité et prend l'apparence d'un putrilage : il s'écrase alors sous la moindre pression et semble se dissoudre dans l'eau dont il trouble la transparence : on dirait qu'il y a commencement de fermentation alcoolique, mais sans réaction acide.

Au septième jour, même état. — Je vais, à partir du huitième jour, exposer la succession des phénomènes qui se sont manifestés dans ce *macératé* glutineux :

Huitième jour. — La *désagrégation* moléculaire continue ; le gluten semble se liquéfier de plus en plus ; un grand nombre de particules très-ténues restent suspendues dans l'eau, tandis que la masse principale forme dépôt au fond du vase. Le papier de tournesol ne rougit pas encore au contact du liquide de macération, qui n'a presque plus l'odeur spermatique qui se dégage de la farine de froment humectée, et que le gluten le plus exactement lavé peut communiquer pendant quelques jours à l'eau dans laquelle on le repétrit.

Neuvième jour. — Il n'y a encore au papier bleu de tournesol aucune réaction acide appréciable (1), bien que l'eau ait contracté un léger goût de ferment.

(I) Il n'est pas inutile de rappeler ici que le papier teint avec la *teinture aqueuse de tournesol* se colore immédiatement avec 1/2000, et après une heure, très-légèrement en rouge, avec 1/50000 d'acide sulfurique. Le même papier se rougit tout de suite avec 1/10000, et après une heure, avec 1/30000 d'acide phosphorique. Il s'agit ici de ces acides dissous dans l'eau distillée.

Dixième jour. — Je ne remarque encore aucune réaction acide appréciable au papier de tournesol. Le gluten est plus diffluent que les jours précédens et a presque entièrement perdu son odeur *sui generis*. L'eau de macération est beaucoup plus trouble ; cependant le travail fermentescible ne paraît avoir fait aucun progrès depuis vingt-quatre heures.

Onzième jour. — Il y a indices de fermentation putride ; pourtant le papier bleu de tournesol n'éprouve aucune altération dans sa couleur ; celui qui a été rougi par un acide n'est point ramené au bleu. La déliquescence du gluten reste stationnaire.

Douzième jour. — La décomposition septique a fait assez de progrès depuis hier ; l'odeur d'une substance animale qui se gâte se manifeste assez fortement. Au papier de tournesol il n'y a encore aucune réaction ; on remarque un plus grand nombre de particules de gluten en suspension dans le liquide.

Treizième jour. — La liquéfaction du gluten n'a fait aucun progrès ; mais la putréfaction s'est développée dans l'eau de macération au point d'en rendre l'odeur tout à-fait insupportable. Il ne se manifeste au papier de tournesol aucune réaction acide ; celui qui a été rougi ne reprend pas la teinte bleue. La température du liquide est constamment restée depuis deux jours au-dessous de 10° centigrades.

Quatorzième jour. — La fermentation putride est restée stationnaire, à cause d'un abaissement de température de 7 à 8 degrés. Le gluten semble être moins visqueux et s'est un peu resserré par le froid ; il ne rougit pas le papier de tournesol ; l'odeur en est très-fétide.

Quinzième jour. — Quoique depuis vingt-quatre heures

la température de l'eau de macération se soit maintenue à 11 degrés, le gluten reste toujours tassé au fond du vase; l'odeur de matières stercorales qu'il dégage est des plus repoussantes. Lorsqu'on le délaie dans l'eau où il est en macération, toutes ses particules, qui se mettent actuellement en suspension, se réunissent bientôt, par le repos, au fond du vase, pour former une ou plusieurs masses déliquescentes. Le papier de tournesol n'y signale aucune acescence.

Seizième et dernier jour. — La décomposition septique paraît être arrivée à son comble. Le gluten et son menstrue exhalent une odeur de fosse d'aisance des plus infectes. Le papier de tournesol ne change pas de couleur; pourtant la matière glutineuse, séparée de l'eau de macération et pétrie à l'aide d'une spatule pour en rapprocher les molécules, a rendu une sérosité opaque, d'une fétidité intolérable, qui m'a semblé présenter au papier bleu de tournesol une certaine acescense, mais fugace dans sa manifestation; car, quelques instans après, ayant répété mon essai à plusieurs reprises, je n'ai plus remarqué de trace de réaction acide au papier de tournesol.

Voulant ensuite m'assurer si, en maniant ce gluten putréfié dans une grande quantité d'eau, je ne parviendrais pas à le désinfecter, je le soumis, dans cent fois son poids d'eau, à un lavage exact que je répétai six fois; c'est-à-dire qu'en définitive, ce gluten fut repétri dans un volume d'eau représentant *six cents fois* son poids primitif. Par tous ces lavages, qui durèrent une heure et demie, sa masse diminua de moitié, et l'odeur repoussante de matières fécales disparut entièrement pour faire place, à mon grand étonnement, à celle qui est toute particulière à la pâte non fermentée de farine de froment, ou au gluten fraîchement extrait.—Les eaux de lavage furent recueillies avec soin et laissées en repos dans un vase conique ; au bout de quinze heures, elles redevinrent presque limpides, laissant au fond de ce vase un sédiment formé par la précipitation d'une foule de petites particules de gluten qui, par le pétrissage, s'étaient insensiblement détachées de la masse principale.

Ainsi donc, le gluten peut, sans se dissoudre, subir, à un très-haut degré, la fermentation septique. En malaxant doucement ses molécules, désunies par la putréfaction, il est possible de les agglomérer de nouveau pour en former une masse homogène, ayant à peu près l'aspect et la consistance du mastic des vitriers, et ne se collant pas aux corps avec lesquels elle est mise en contact, pourvu qu'ils soient mouillés.

Le gluten putréfié perd, en même temps que son élasticité, son apparence tendineuse de membrane aponévrotique. — Mais le phénomène le plus remarquable qu'il présente, selon moi, c'est *la faculté* de recouvrer, par le simple pétrissage dans l'eau froide, son odeur normale, à laquelle se substitue si complètement, pendant la fermentation putride, une fétidité dont les matières animales en putréfaction peuvent seules donner l'idée.

Le gluten qui a subi la décomposition septique ne diminue, en séchant, que de $54 \, p. \, \%$, tandis que le déchet qu'éprouve le gluten normal peut s'élever à plus de 63 $p. \, \%$. A l'état sec, comme à l'état humide, son aspect diffère, au reste, de celui de ce dernier : il se convertit, par la dessication, en une croûte noirâtre présentant une matité qu'on ne voit pas au gluten frais, séché à une douce chaleur immédiatement après son extraction.

Dans une expérience précédente, j'observai que dès que le gluten commmença à subir la fermentation putride il vint flotter à la surface du liquide de macération, au lieu de rester au fond du vase ; il s'était boursoufflé et avait pris conséquemment plus de volume. — Je ne sais à quoi attribuer, dans ma seconde expérience, faite dans les mêmes conditions que la première, la persistance du gluten (extrait de la même espèce de farine) à se précipiter au fond de l'eau, malgré le gonflement produit par la putréfaction qui semblait s'être emparée de toutes ses parties : il n'y avait que les particules les plus ténues qui restassent en suspension lorsqu'on venait à remuer l'eau ; encore finissaient-elles au bout de quelques heures de repos, par descendre au fond du vase pour se réunir à la masse *glutinoïde*.

Note deuxième. — J'ai dit plus haut qu'en pétrissant dans l'eau le gluten putréfié jusqu'à ce qu'il eût recouvré son odeur naturelle, je m'étais assuré qu'il avait perdu la moitié des on poids primitif. Ce déchet, ainsi que je l'ai reconnu, est représenté : 1° par du très-petit son ; 2° des matières terreuses ; 3° une très-minime quantité d'amidon que le gluten avait retenue entre ses mailles, malgré le lavage énergique auquel, à l'état frais, il avait été soumis après son extraction ; 4° enfin, par des particules de gluten, d'une grande ténuité, détachées de la masse principale par le pétrissage, et n'ayant plus la faculté de s'unir, à l'état humide, pour former un corps compacte et homogène. Toutes ces particules se précipitaient par le repos ; mais à la moindre agitation de l'eau qui les surnageait, elles se remettaient en suspension. — En faisant sécher exactement, à une douce chaleur, le dépôt formé par la réunion de ces particules gluti-

noïdes, j'obtins une croûte offrant à peu près les mêmes
caractères que ceux du gluten putréfié resté en masse et
desséché. — Il résulta de l'évaporation des eaux de lavage et de macération, préalablement filtrées, une matière extractive sèche, d'une odeur de colle-forte, légèrement hygrométrique, et ayant, au fond du vase où je
l'avais recueillie, l'apparence d'une couche de vernis
de couleur rousse. Une particularité étrange, c'est que
cette matière, provenant d'un liquide transparent qui la
tenait en dissolution, ne put se redissoudre entièrement
dans un menstrue de même nature : l'eau devint opaline
par la présence de particules insolubles ; je n'y remar-
quai d'ailleurs au papier de tournesol aucune réaction
acide.

Comparée, sous le rapport du poids, au gluten normal
humide, la matière extractive dont il s'agit en représente la quinzième partie. La portion de cette substance
que l'eau a pu dissoudre de nouveau constitue sans
doute la partie la plus animalisée du gluten ayant subi
la fermentation putride; elle y figure dans la proportion
de 4 p. % environ. Je ne serais pas étonné que cette
matière, à laquelle je propose de donner le nom de *glu-
tine* (1), fût chimiquement identique avec la gélatine
animale. — On pourrait se demander si elle existe,

(1) Selon M. Taddey, le gluten fraîchement extrait serait formé de
deux substances ayant des caractères physiques et chimiques différens :
l'une est soluble dans l'alcool et l'autre ne l'est pas. Il a donné à la
première le nom de *glaiadine* (d'un mot grec qui peut signifier gluten
ou glutineux), et à la seconde celui de *zimome* (levain). C'est à la
glaiadine, suivant ce chimiste, que le gluten doit sa *propriété élastique;*
quant au *zimome*, il le considère comme servant de *ferment* dans les
composés qui forment avec cette substance les différens matériaux des
végétaux.

toute formée, dans le gluten frais, ou si ce n'est qu'un produit résultant de la réaction du travail septique des molécules glutineuses sur les élémens constitutifs de l'eau? Mes connaissances chimiques sont trop bornées pour que j'entreprenne de résoudre une semblable question. — On ne saurait toutefois attribuer aux engrais animaux la présence dans le gluten de cette matière si éminemment azotée; car il résulte des expériences faites avec le plus grand soin par Teissier que l'influence du fumier est nulle dans la production *du glutineux*. Cet habile expérimentateur s'est assuré que le froment que produit un sol non fumé ne contient pas plus de gluten que celui qui provient d'un terrain de même qualité rendu plus fertile par des engrais très-énergiques.

Note troisième. — Le gluten normal, le plus exactement lavé, éprouve un déchet de plus de 5 p. %, si on le malaxe pendant une demi-heure dans l'eau. En le repétrissant indéfiniment, il reste toujours insoluble en apparence, mais il continue à troubler la transparence de ce liquide et à perdre de son volume et de son poids. C'est que par le pétrissage exercé pendant quelques heures sur le gluten normal plongé dans l'eau, on détermine la désagrégation momentanée de ses molécules; mais, par le repos, elles se précipitent et peuvent ensuite se rapprocher, par un nouveau pétrissage hors du liquide, pour former une masse homogène qui reprend tous les caractères physiques du gluten non désagrégé.

Il suit de ce que je viens de dire, concernant le pétrissage du gluten dans l'eau, qu'il faut, pour en obtenir la proportion exacte dans la farine dont on veut faire l'analyse et éviter tout déchet, cesser le lavage dès que l'eau qu'on laisse tomber goutte à goutte sur la masse glutineuse n'entraine absolument plus d'amidon. Avant de peser le gluten humide, il faut le pétrir à sec entre les doigts, jusqu'à ce qu'il commence à s'y attacher, afin de lui faire dégorger toute l'eau qu'il retient en excès entre ses fibres. Sans ces précautions on n'obtient que des résultats souvent fort erronnés.

Note quatrième. — Le gluten séché promptement, soit à l'air libre, soit à l'étuve, à une température de 35 degrés au plus, reprend son élasticité lorsqu'on lui fait *réabsorber* la quantité d'eau qu'il avait perdue en séchant. Mais lorsqu'on l'expose, pour en obtenir la dessication, à un air chaud dépassant 45 degrés, il perd sans retour son élasticité primitive et son odeur; en le mettant, pendant quelques heures, macérer dans l'eau froide, il se ramollit, mais sans reprendre ni son aspect normal, ni cette ductilité qui lui est toute particulière; il ressemble alors à une peau ou tissu membraneux gonflé par imbibition de liquide, mais non extensible.

Le gluten qui est encore à l'état pulvérulent ou d'extrème division dans la farine de froment peut être, dans cet état, long-temps exposé à un air chauffé à 100 ou 110 degrés sans éprouver ni diminution, ni modification moléculaire sensible: on peut l'extraire sans difficulté de la farine qui a été soumise à cette haute température. — Cependant, bien qu'il ne présente aucune altération ni dans sa couleur, ni dans son odeur *sui generis*, ni même dans son élasticité, lorsqu'on cherche à le comprimer, on dirait qu'il a perdu un peu de son extensibilité; le tissu fibreux dont il paraît être formé est moins susceptible de s'alonger; si on le tire un peu brusquement, il se rompt au lieu de se prêter à la distension. Aussi, les farines de froment, séchées trop for-

3

tement au four, donnent une pâte qui a un peu moins de corps que celle fournie par les mêmes farines non soumises à une extrême dessication par une température très-élevée.

Note cinquième. — On a souvent écrit et répété que l'extraction du gluten devient impossible lorsque, au lieu de faire une pâte ferme avec la farine, on délaie d'abord celle-ci dans l'eau; et pourtant j'ai pu extraire ce principe d'une émulsion de farine de froment, en passant le liquide au travers d'un tamis de soie très-fin. Il est vrai que par ce procédé on n'obtient pas tout le gluten contenu dans la farine, puisqu'on laisse, unies ou mêlées à l'amidon, toutes les particules glutineuses qui ont à peu près la même ténuité que les molécules amilacées, et qu'on ne recueille que celles qui se sont réunies pour former de petits grumeaux élastiques ou des stries filamenteuses qui restent sur le tamis; le déchet peut, dans ce cas, s'élever à près de 30 p. $^{0}/_{0}$. En réunissant ensuite tous ces petits grumeaux dans le creux de la main, on parvient très facilement, en les pétrissant doucement sous un maigre filet d'eau, à les *agglomérer* en une masse ductile, homogène, présentant tous les caractères du gluten extrait par le procédé ordinaire, si généralement connu aujourd'hui. C'est assurément l'opération la plus simple comme la plus ingénieuse et la plus exacte de la *chimie mécanique* (1). Je ferai remarquer pourtant

(I) Un boulanger instruit, de Paris, M. Robine (qui, en 1842, a reçu de la Société d'encouragement le prix de 3,000 fr. qu'elle avait proposé pour un procédé propre à apprécier d'une manière sûre, facile et prompte les qualités de farines applicables à la panification) emploie, pour extraire le gluten, le moyen suivant: — On met dans un mortier de porcelaine 56 *grammes* de farine dont on a soin d'écraser tous les

que si le gluten est facile à extraire des farines des première et deuxième moutures, voire même souvent de la troisième, son extraction de la farine quatrième (dite troisième de gruau) présente des difficultés de manipulation qui naissent de la grande quantité de petit son mêlée à cette qualité de farine. En s'interposant entre les molécules glutineuses, ce corps étranger en empêche le rapprochement et la cohésion. Pour l'éliminer, il faut pétrir alternativement la pâte, tantôt dans un nouet d'un tissu peu serré plongé dans l'eau, tantôt dans le creux de la main en y laissant tomber le liquide goutte à goutte ; puis, vers la fin de l'opération, lorsque les molécules du gluten commencent à se rapprocher, délayer dans une très-petite quantité d'eau l'espèce *de putrilage*

grumeaux ; puis on ajoute peu à peu, en triturant pendant dix minutes, 183 *grammes* d'une dissolution faible d'acide acétique (on emploie de l'eau distillée). On verse ensuite le tout dans un verre conique ; on laisse reposer l'émulsion pendant une heure, à une température de 15° ; on enlève avec une cuillère l'écume qui s'est formée à la surface du liquide, puis on décante la liqueur claire qui surnage ; on sature à plusieurs reprises cette liqueur avec du bicarbonate de soude : il se produit nécessairement une effervescence ; le gluten abandonne son dissolvant et vient nager à la surface de l'acide qui change de couleur ; on le recueille sur une toile très-serrée, on le lave à l'eau froide, et l'on obtient alors, selon M. Robine, *le gluten entier, jouissant de toutes ses propriétés*. Je ne chercherai pas à démontrer ici l'inexactitude (quant à la proportion du gluten) du résultat obtenu par le procédé de M. Robine. Je laisse ce soin aux chimistes qui ont étudié les caractères physiques et chimiques du gluten et ses différens modes d'extraction : je ferai observer seulement que le produit glutineux qui résulte du procédé chimique de M. Robine diffère sensiblement du gluten extrait de la manière (si simple, si exacte, si ingénieuse) indiquée par Beccari, et généralement adoptée par les chimistes les plus habiles pour déterminer sûrement la proportion de vrai gluten contenue dans les farines.

formé par le petit son, le gluten et la fécule, le passer au travers d'un tamis assez fin pour retenir les grumeaux glutineux et laisser pourtant échapper les autres matières; enfin, recueillir dans le creux de la main gauche toutes les particules et les filamens glutineux, et, par un pétrissage d'une énergie graduée, à l'aide de l'index et du doigt majeur de la main droite, bien humectés, en former une masse homogène qu'il faut ensuite repétrir et laver à grande eau pour la débarrasser complètement des parcelles de son et des matières terreuse et amilacée qui persisteraient encore à y adhérer. C'est par l'habitude armée de patience qu'on acquiert, en fort peu de temps, du reste, la dextérité nécessaire à ce genre d'opération; ce qui fait que des chimistes fort distingués, mais peu habitués à la longue manipulation qu'il faut faire subir aux farines quatrièmes pour en extraire exactement le gluten, ont obtenu quelquefois des résultats contradictoires tantôt en plus, tantôt en moins. Ainsi, par exemple, en traitant quatre kilogrammes de farine quatrième pour déterminer dans quelle proportion y figurait la matière glutineuse, d'Arcet n'en a trouvé que *six pour cent* environ, à l'état humide; tandis que M. Bussy, dans des essais faits bien postérieurement aux expériences de d'Arcet, sur quatre échantillons de farines prélevés chez un boulanger de la capitale, prétend avoir extrait de la farine quatrième (désignée comme celle employée à la fabrication du pain connu à Paris sous le nom de *pain de chien*) « *quinze pour cent de gluten sec* qui, humide, « était diffluent, sans élasticité, et n'offrait aucun des « caractères physiques du gluten normal (1). » Ce glu-

(1) *Annales d'hygiène publique et de médecine légale.* Octobre 1844.

ten était donc altéré; mais est-il croyable qu'une altération quelconque du gluten ait pu augmenter à ce point, dans la farine quatrième, la proportion de ce principe immédiat? D'ordinaire, toute altération de la farine de froment, de quelque qualité qu'elle soit, porte principalement sur les propriétés panaires de la matière glutineuse dont la proportion est toujours atténuée. — Je doute fort qu'on puisse concilier des quantités aussi contradictoires que celles signalées par d'Arcet, d'une part, et le savant professeur de l'école de pharmacie, de l'autre : il faut que tous les deux se soient trompés, le premier en moins, et le second en plus; ils n'avaient probablement pas manipulé eux-mêmes, laissant ce soin à des aides peu expérimentés qui les auront induits en erreur. En traitant la pâte en trop grosses masses, d'Arcet a dû laisser entraîner, avec le très-petit son qui foisonne dans la farine quatrième, de nombreuses particules de gluten qui n'ont pu, faute d'une manipulation bien dirigée, se rapprocher pour se réunir à la masse principale. — M. Bussy, en renfermant la pâte de sa farine quatrième dans un nouet de linge serré pour en extraire le gluten, a sans doute fini par incorporer à ce dernier produit une quantité de son ténu dont il lui a été impossible de le dépouiller, et qu'il a pris ensuite pour du *gluten altéré*. Notez bien, en passant, que dès que le gluten est véritablement altéré, il perd son élasticité, devient *diffluent* et, par cela seul, rebelle à toute manipulation ayant pour but de le séparer des autres principes immédiats auxquels il est associé, pour en former une masse distincte et homogène.

Il résulte d'un grand nombre d'expériences que j'ai faites sur des farines de froment de toute qualité, que le gluten *exactement lavé* figure, à l'état humide, dans la farine troisième de gruau (*dite quatrième*) non adultérée, loyale et marchande, dans une proportion qui varie de 13 à 26 p. % (1). Ce gluten est moins blanc (ou plus bis) et a un peu moins d'élasticité que celui des farines des trois premières moutures, surtout des deux premières, et en particulier de celle dite *première de gruau*, qui est fournie par la portion du grain la plus riche en beau gluten. L'odeur *sui generis* de la matière végéto-animale extraite des farines troisième et quatrième se distingue de celle des farines des deux premières moutures par quelque chose de plus pénétrant ; on dirait qu'en s'exaltant elle a contracté de la rancidité.

Note sixième. — Je dirai, relativement à la consistance la plus favorable à donner à la pâte dont on veut extraire le gluten, qu'il faut que l'eau y entre pour 38 p. % au plus ; c'est-à-dire que pour former 100 grammes de pâte, on doit employer 62 grammes de farine et 38 grammes d'eau froide. Il est bon de diviser ensuite cette pâte en morceaux de 20 à 25 grammes ; la manipulation en devient plus commode, plus prompte, et les résultats en sont plus exacts. La pâte des farines de blés du midi demande, pour être au degré convenable, une proportion d'eau qui s'élève quelquefois à 48 p. %.

Note septième. — Il arrive souvent que le gluten séché en petites masses éprouve moins de déchet que celui dont on obtient la dessiccation en feuilles minces, bien

(1) Une fois pourtant je n'en ai trouvé que 14 p. % dans une farine quatrième qu'un boulanger de Bourg avait acheté d'un meunier des environs. Cette farine était associée à une très-forte proportion de remoulage : aussi ai-je éprouvé de très-grandes difficultés pour en extraire le gluten.

que dans l'un et l'autre cas, le degré de desséchement soit exactement le même. Cette particularité se remarque surtout lorsqu'on soumet brusquement le gluten à une température dépassant 50 degrés : il est probable qu'il se fixe alors dans la propre substance de ce principe une petite quantité d'eau dont l'évaporation devient impossible à moins de carboniser le gluten. Plus la masse glutineuse est volumineuse (en se renfermant dans certaines limites pourtant) plus la portion d'eau qui s'y solidifie est sensible. On peut présumer que, sous l'influence du calorique, l'eau, en s'évaporant, cède au gluten une partie de son oxygène. Au reste, c'est un phénomène qui se passe tous les jours dans la cuisson du pain en grosses miches. Il ne faut pas s'imaginer qu'un pain de six kilogrammes, par exemple, pèse plus, à la sortie du four, que six pains d'un kilogr., de même forme, et préparés avec de la même farine et la même quantité d'eau, uniquement parce que l'évaporation a été moindre dans la masse de pâte qui a produit le pain de *six kilogr.* que dans celle qui, divisée en six parties, a donné les six pains d'*un kilogr.* : il faut admettre aussi que c'est parce que, dans le premier cas, en raison du plus long séjour au four, une plus grande quantité d'oxygène a pu se séparer de l'eau pour s'identifier avec le gluten, la fécule et les matières extracto fibro-mucilagineuses qui constituent le pain. Cela est démonstrativement vrai ; car si, après qu'ils sont parfaitement refroidis, vous faites sécher, aussi exactement que possible, au four doucement chauffé, les sept pains, préalablement coupés en tranches minces d'égale épaisseur, vous trouverez que la matière solide sèche provenant du gros pain pèsera plus que celle résultant de la dessication des six petits. Il faut dire

aussi que cette différence en poids est sujette à des variations en plus ou en moins ; mais il en existe toujours
une fort sensible entre les produits secs des deux genres
de pains, pourvu que la qualité et la proportion des matériaux qui entrent dans leur confection soient identiques. Il y a donc plus de profit pour le boulanger ou pour
celui qui fabrique lui-même son pain de préparer cet
aliment plutôt en grosses miches qu'en petites *flûtes*.
Pour obtenir la cuisson absolue de la mie, il ne faut pas
que le poids de la miche crue excède 10 kilogr. Pour
les pains de cette force, la forme oblongue est la plus
avantageuse. Lorsque le four est à la température convenable, la perte qu'y subissent les grosses miches en
cuisant s'élève rarement au-delà de 13 p. %.

Revenons au gluten. En faisant sécher cette substance
au point où elle peut être facilement réduite en poudre,
on remarque qu'elle perd toujours moins des deux tiers
de son poids : plus elle est ductile, élastique et dépouillée
des principes immédiats qui lui sont étrangers, plus elle
éprouve de déchet en passant de l'état humide à l'état
sec. Le gluten des farines dites de grain et de gruau
blanc est celui qui subit la perte la plus forte par
la dessication, soit en feuillets, soit en très-petites
masses. Le gluten de la farine de troisième mouture (il
s'agit toujours du même froment) perd, en séchant,
moins que celui des farines des deux premières moutures et plus que le *glutineux* extrait de la farine quatrième. Peut-être faut-il attribuer cette anomalie à la
plus grande affinité de ces deux dernières qualités de
gluten pour l'oxygène de l'eau dont une partie s'y solidifie pendant la vaporisation de ce liquide.

Je laisse à nos habiles chimistes le soin de tirer des

inductions des divers phénomènes que je viens de re-
later. Malgré les recherches de Beccari, de Kessel-Meyer,
de Model, de Parmentier, de Fourcroy, de Vogel, etc.,
le gluten est resté un produit dont l'origine et l'existence
sont d'autant plus inexplicables qu'on ne l'a encore
rencontré, en quantité bien appréciable et toujours identique, que dans le froment *triticum*, à l'exclusion de
tous les autres végétaux, voire même des autres céréales (1). Ceux qui prétendent qu'il existe du gluten
dans l'avoine et le seigle n'ont pu encore extraire de la
farine de ces graminées un seul grumeau visible et palpable de matière glutineuse. — Sous certains rapports,
le caoutchouc frais et quelques glus végétales sont les
seuls principes immédiats des plantes qui offrent, de
très-loin encore, quelque analogie avec le gluten.

Eau de végétation. — C'est dans cette eau ou sève que
résident les matières solubles, les principes extractifs
des végétaux; la proportion de ce liquide est quelquefois
telle, dans les racines, les tiges, les rameaux, les fruits
de certaines plantes, qu'on dirait qu'ils en sont presque
uniquement composés, la matière fibreuse n'y figurant,
en quelque sorte, que comme *support*. Dans la plupart

(1) Excepté pourtant l'épeautre et l'orge; mais l'orge en contient si
peu que, sous le rapport de la panification, c'est tout comme s'il n'y
en avait pas (Voyez le tableau synoptique et la note sur l'orge). Ed-
mond Davy prétend en avoir trouvé 6 p. %, à l'état humide, dans l'a-
voine blanche; mais Vogel, Fourcroy, Henry et bien d'autres expérimentateurs, dont la liste serait assez longue, n'ont pu en constater la
présence dans cette graminée. Fourcroy et Henry disent qu'il y a *à
peine des traces de gluten* dans le seigle: c'est comme s'ils avaient dit
qu'il n'y en a pas. Pourtant, dans l'avoine et dans le seigle, il y a une
substance qui, pour n'avoir aucun des caractères physiques du gluten
de froment, n'en est pas moins fort azotée.

des pommes, même parfaitement mûres, l'eau de végétation entre en poids pour les six septièmes; le raisin, les pastèques en contiennent bien davantage. — On voudrait à peine le croire, les farines des céréales qu'on trouve dans le commerce en retiennent le plus ordinairement de 14 à 17 p. % (1). La quantité d'eau combinée intimement avec les principes immédiats qui les constituent est aussi plus considérable qu'on ne saurait le supposer ; c'est en *dissociant* ces principes par l'analyse qu'on peut en obtenir la dessication assez exactement pour déterminer *extemporanément* la proportion presque absolue d'eau de végétation, qui était fixée dans leur propre substance lorsqu'ils formaient un corps d'aspect homogène.

Les farines des graminées et tous les produits féculens, associés à du parenchyme et à des matières extractives, cèdent difficilement toute l'eau que la végétation y a pour ainsi dire incorporée ; j'ai maintes fois exposé, pendant quarante-huit heures, à un courant d'air sec, élevé à une température de 95 à 110 degrés, de la fa-

(1) La belle farine de gruau, telle qu'on la vend aujourd'hui à Paris, contient, dans les conditions atmosphériques ordinaires, selon MM. Payen et Persoz, 16 p. % d'eau. Cette proportion peut s'élever jusqu'à 20 p. % lorsque la farine est exposée à l'air saturé d'humidité, à la température de 10°. — Il est vraiment incroyable que, dans leurs analyses de diverses farines, ni Vogel, ni Henry père n'aient fait mention de la quantité d'eau que recèlent naturellement ces produits. Vauquelin n'a trouvé que 6 à 12.10 p. % d'humidité dans les différentes farines qu'il a examinées. Ce qui surprend, c'est que de toutes ces farines, c'est celle provenant de blé tendre d'Odessa qui a présenté la plus forte proportion d'humidité ; celle de méteil n'a éprouvé, sous ce rapport, qu'un déchet de 6 p. %, tandis que la farine même de blé dur d'Odessa a subi une réduction de poids de 12 p. %.

rine de froment moulue depuis cinq à six semaines, et j'ai toujours constaté, en la repesant, immédiatement après une dessication que je regardais comme absolue, un déchet qui variait de 14 à 17 p. %. Mais au bout de deux ou trois jours, cette farine recouvrait constamment, même dans le lieu le plus sec, environ la moitié du poids qu'elle avait perdu en séchant. Ce phénomène démontre assez que la farine est une substance éminemment hygrométrique, puisque dans les conditions *de siccité* les plus favorables, elle conserve au moins 8 p. % d'eau qu'elle cède, il est vrai, lorsqu'on la soumet à un courant d'air chaud, mais qu'elle recouvre bientôt à l'air libre, quoiqu'elle soit à l'abri de toute humidité. — Cette particularité, et plusieurs autres du même genre que j'ai remarquées dans des expériences sur la dessication des substances des trois règnes, m'ont conduit à cette conclusion : que la sécheresse absolue des corps, dans le milieu où nous vivons, est impossible ; leur état de siccité est purement relatif. — On ne se doute guère généralement que le linge le plus sec en apparence retient encore près de 3 p. % d'eau, qui s'évapore à l'étuve fortement chauffée, mais que le linge *réabsorbe* lorsqu'il est replacé dans le milieu où on le tient d'ordinaire. Je ferai remarquer, en terminant cette note, que les tissus de chanvre sont plus hygrométriques et meilleurs conducteurs du calorique que ceux de coton ; c'est pourquoi ils sont plus froids que ces derniers : aussi les personnes qui ne portent pas de flanelle sur la peau devraient-elles préférer les chemises de calicot à celles de toile, surtout si elles sont affectées de rhumatisme.

ENCORE QUELQUES OBSERVATIONS SUR LES VÉGÉTAUX ET LES
SUBSTANCES VÉGÉTALES DONT LES PRINCIPES IMMÉDIATS
FORMENT L'OBJET DU TABLEAU SYNOPTIQUE.

Des farines de froment. — La conversion des blés en
farine n'est pas une opération aussi simple qu'on le croit
généralement. La bonté des produits fariniformes dépend,
en thèse générale, presque autant des soins, du savoir-
faire et de la loyauté du meunier que de la qualité des
substances farinifères elles-mêmes : il peut arriver que
des blés, de qualité médiocre, bien moulus, fournissent
des farines supérieures, sous le rapport de la panification, à celles provenant de grains fort beaux dont la
mouture a été forcée ou mal dirigée.

Je ne dirai rien ici des différens genres de mouture
employés jadis, et presque universellement remplacés
aujourd'hui par la mouture dite *économique*, ayant uniquement pour but de faire connaître, à ceux qui n'ont
jamais cherché à s'en rendre compte, comment, avec le
même froment, l'industrie prépare des farines de diverses
qualités.

Lorsqu'on examine avec attention un grain de blé sec,
on reconnaît bientôt que sa densité n'est pas la même
partout, que la partie centrale en est la plus tendre et
la plus blanche, que plus on s'éloigne du centre pour
atteindre la couche externe, plus la substance du grain
devient dure et colorée. Il est facile encore de reconnaître
que le grain, indépendamment de la *balle* ou glumelle
qu'il a perdue par le *battage* ou *dépiquage*, est revêtu
de deux pellicules adhérant fortement l'une à l'autre et
à son propre parenchyme; que ces pellicules, enfin, se

séparent du grain en parcelles plus ou moins larges,
par le frottement des meules, plus ou moins rapprochées, entre lesquelles on broie le blé. — Cette courte
explication sur la structure du grain de froment doit suf-
fire pour faire comprendre à quiconque voudra y songer
un peu l'inconvénient et l'extrême difficulté (sinon l'im-
possibilité) de convertir *d'emblée*, par une seule mouture, les grains de blé en farine. Aussi, par la mouture
économique, qui donne des produits si supérieurs à ceux
obtenus par tous les moyens qui l'ont précédée, pro-
cède-t-on de telle sorte que c'est la partie tendre du grain
qui se *farinifie* d'abord: puis, par le rapprochement
gradué des meules, les parties dures qui, à la première
mouture, ne s'étaient broyées qu'en particules grossières,
se convertissent successivement elles-mêmes en farine
plus ou moins ronde. A l'aide d'un mécanisme ingénieux,
la force qui fait mouvoir les meules imprime en même
temps un *dodinage rotatoire* à des bluteaux garnis d'éta-
mines de divers degrés de finesse, qui servent à séparer
la farine des gruaux, des recoupes et du son. — On peut
obtenir du même blé un grand nombre de qualités de
farines, que l'on réduit au plus à cinq, en repassant séparément au moulin les gruaux blancs et bis, les recoupes (1) et le son de la première mouture.

La farine qui résulte de la première mouture est connue dans la boulangerie sous le nom de farine dite *de
blé* ou *de grain*; elle représente à peu près 57 p. %du
poids total des farines blanches et bises obtenues par

---

(1) Les meuniers désignent sous le nom de recoupes, recoupettes,
les parties les plus dures et les plus colorées de la substance du grain,
auxquelles adhère encore une petite portion de la seconde pellicule.
C'est un des produits du blutage de la première mouture.

les cinq moutures. Viennent ensuite les farines provenant de la mouture des gruaux, des recoupes et du premier son, qu'on distingue les unes des autres par les dénominations suivantes :

1re de gruau ou de gruau blanc (c'est le produit le plus fin de la 2e mouture).
2e de gruau   (c'est le produit le plus fin de la 3e mouture).
3e de gruau   (c'est le produit le plus fin de la 4e mouture).

La farine de la cinquième mouture, appelée par quelques meuniers farine de gruau, est composée en grande partie de rémoulage ou de son très-ténu ; il ne s'en fabrique guère : le plus ordinairement, l'action des meules sur les issues du même grain s'arrête à la quatrième mouture.

Sous le rapport de la blancheur, ces quatre sortes de farines peuvent être rangées dans l'ordre où la mouture les donne ; je ferai observer néanmoins que la différence de nuance est si légère entre les farines de première et de deuxième mouture, que généralement, dans le commerce de la boulangerie, on les réunit pour former la farine dite de première qualité.

Si l'on envisage ensuite les produits des quatre moutures sous le rapport de leur richesse en gluten, il faut mettre au premier rang la farine de gruau blanc ; celles de blé et de deuxième de gruau viennent après. La proportion du gluten diffère peu dans ces deux sortes de farines : tantôt pourtant, selon les caprices de la végétation, la farine de blé contient plus de matière glutineuse que celle de deuxième de gruau ; tantôt, mais plus rarement, c'est le contraire qui a lieu. La cause réelle de ces anomalies est encore restée inconnue. Quoi qu'il en soit, le gluten qui provient *de la farine* de la première mouture est toujours, lorsqu'il s'agit du même froment, plus blanc, plus net, plus élastique que celui qu'on extrait de la farine de la troisième mouture, qui donne, au reste, un pain constamment inférieur à celui qu'on obtient de la farine dite de grain.

La blancheur des farines dépend, en général, de la beauté du blé, et en particulier, 1° de l'action des meules; 2° du rapprochement de la première mouture, 3° du blutage. C'est-à-dire que si, en réalité, les plus beaux blés sont ceux qui donnent les plus beaux produits, à qualité égale, cependant, le grain le mieux moulu est celui qui fournit les plus belles farines, et ces farines sont respectivement d'autant plus blanches qu'elles s'éloignent d'autant moins de la première mouture. Lorsque les trois premières conditions existent, c'est du blutoir seul que dépend la quatrième; car, en définitive, la même sorte de farine aura d'autant plus de blancheur qu'elle sera tamisée plus fin.

Farine employée par les paysans. — Si l'extraction exacte du gluten de la farine quatrième demande une longue manipulation, combien ne doit-on pas éprouver de difficulté pour extraire ce principe d'un mélange où il figure en proportion si minime et associé à une quantité de son bien plus forte encore que celle qu'on trouve dans la farine quatrième. Pour réussir dans ce genre d'opération, il faut s'armer de patience, surtout lorsqu'on veut en obtenir des résultats rigoureusement exacts. — Le gluten que j'ai extrait de divers échantillons de farines pris chez des paysans m'a paru plus coloré, moins ductile et élastique que celui des farines quatrièmes les plus médiocres; je n'en ai pas été surpris, puisque ce gluten provenait de grains de froment retraits, peut-être un peu avariés, rebutés par le crible.

Mais ce détestable mélange de farines, où celle de cri-
blures de froment même entre à peine pour un tiers, ne
pèche pas seulement par sa pauvreté en gluten, la fécule
elle-même en est atténuée et remplacée, dans une proportion assez notable, par le petit son résultant d'une
mouture grossièrement faite et par la matière fibreuse
et l'eau de végétation qu'on rencontre plus abondamment dans l'orge et dans le maïs de nos contrées que
dans le froment le plus ordinaire. En somme, le pain
bis fabriqué dans les villes avec la farine quatrième de
pur froment est plus nourrissant que le pain que mangent
les paysans. Il ne leur serait pourtant pas difficile de
substituer à leur pain grossier un aliment analogue
meilleur, et qui ne leur coûterait pas davantage, pour
ne pas dire aussi cher.

En effet, si au lieu de mêler à leur froment de l'orge,
du maïs, même du seigle, ils retiraient de ce froment,
tout médiocre qu'il est, une farine d'une seule qualité,
blutée à 20 p. $^0/_0$ de gros et petit son qu'ils donneraient
à leurs bestiaux; si à cette farine de pur froment ils
ajoutaient, dans la proportion ordinaire où ils y mêlent
l'orge et le maïs, de la farine de pommes de terre cuites,
préparée comme je l'ai indiqué plus haut, ils obtiendraient
un mélange dont la panification fournirait des produits
essentiellement supérieurs à ceux qu'ils consomment ordinairement.—Il est facile de démontrer par des chiffres
que le pouvoir nutritif du mélange que je propose l'emporte sur celui de la farine dont les gens de la campagne
font généralement usage en Bresse, et même dans une
grande partie de la France. — Il résulte des expériences
comparatives que j'ai faites sur huit échantillons de farines de paysans, que *mille grammes* de cette matière
contiennent, terme moyen, savoir:

Principes immédiats secs , plus ou moins nutritifs.

Fécule. . . . . . . Grammes. 466		
Matière fibreuse 83,40		
Extrait. 75,50		677,40
Albumine. 27		
Gluten. 24,50		

Déchets ou matières inutiles.

Petit son. . . . . . Grammes. 46,60		
Son et saletés diverses 105		322,60
Eau de végétation 171		

Total. . 1,000 gr".

Ainsi dans le mélange de farines le plus généralement employé par les paysans, les matières sèches , plus ou moins nourrissantes, figurent pour 67,74 *p.* °/₀, et les matières inutiles pour 32,26 *p.* °/₀.

Voyons maintenant de quels élémens se compose la farine de froment mêlée à deux tiers de farine de pommes de terre cuites, parfaitement desséchées, soit au four, soit à l'étuve. *Mille grammes* de ce mélange seraient donc formés de 333 *grammes* 33 *centigrammes* de farine de froment *bise-blanche*, blutée à 20 p. °/₀, et de 666 *grammes* 67 *centigr.* de farine de pommes de terre. En prenant pour base de mes calculs la moyenne de toutes mes expériences sur les farines, et faisant la part de la mauvaise qualité du froment que les laboureurs conservent d'ordinaire pour leur consommation personnelle, je trouve que les 333 *grammes* 33 *centigr.* de farine, qui forment le tiers de mon mélange, sont constitués ainsi qu'il suit, savoir:

4

Principes immédiats secs , plus ou moins nutritifs.

Fécule. . . . . Grammes. 170

Matière fibreuse 20

Extrait. 32

Albumine. 5

Gluten. 25

252

Déchets ou matières inutiles.

Son très-ténu . . . . Grammes. 26

Son grossier et saletés diverses. . . 7

Eau de végétation. 48,35

81,35

Quant aux 666 *grammes* 67 *centigr.* de farine de pommes de terre, ils sont formés des principes immédiats suivans :

Fécule. . . . . Grammes. 370

Matière fibreuse , y compris les pellicules réduites en farine 222

Extrait. 54,67

Albumine. 20

666,67

Total général. . . . 1,000 gr".

Pour être rigoureusement exact, il faudrait déduire des *mille grammes* de mon mélange environ 14 *grammes* de matière inutile formée de débris de pellicules d'une grande ténuité que le blutoir laisserait passer avec la farine de pommes de terre ; car je suppose que les cultivateurs, préparant eux-mêmes les tubercules pour les faire moudre, ne se donneraient pas la peine de les peler.

Il ressort donc des analyses ci-dessus que les matières solides sèches, plus ou moins nourrissantes, fournies par le deuxième mélange, s'élèvent à 904 *grammes* 67 *centigr.* (déduction faite des 14 *grammes* de pellicules de pommes de terre), tandis que celles trouvées dans le premier mélange ne vont qu'à 677 *grammes* 40 *centigr.*; c'est une différence en moins de 23 p. %, environ pour la farine employée par les paysans.

Il est vrai que si l'on rejette le leste fibreux comme substance tout-à-fait impropre à la nutrition et qu'on ne tienne compte que des matières assimilables, on ne trouvera entre les chiffres qui représentent ces dernières, savoir :

Pour le 2ᵉ mélange. . . Grammes. 676,67
et pour le 1ᵉʳ mélange 594

qu'une différence de . . . Grammes. 82,67 , ou seulement 8,267 p. %, en moins pour la farine des paysans.

Mais ici se présente une double observation qu'il importe de noter : d'abord, est-il bien vrai qu'une matière parenchymateuse extrêmement divisée (comme celle de la pomme de terre dans le cas particulier dont il s'agit); qu'un parenchyme pulpeux qui a subi la coction, la dessication, et qui subira en outre la fermentation panaire et la cuisson au four, n'aura éprouvé, en passant par toutes ces filières (si je puis m'exprimer ainsi), aucune modification moléculaire qui la rende actuellement propre à la nourriture de l'homme, même à un faible degré? Ce n'est pas probable (1). D'ailleurs, sans vouloir faire de l'estomac une cornue, ne peut-on pas supposer que l'acide chlorydrique qui s'y trouve normalement agit sur la matière fibreuse à l'état moléculaire comme sur

---

(I) Cadet-de-Vaux regarde le parenchyme de la pomme de terre comme une matière nutritive ; il va même, dans son enthousiasme *bromatologique*, jusqu'à l'assimiler, comme substance alimentaire, au salep et au sagou.

la fécule, et à l'instar de l'acide sulfurique qui, étendu et à chaud, convertit ces principes immédiats en sucre analogue à celui de raisin, que le suc gastrique transforme, au reste, à son tour, en sucre de lait, pendant la chymification. — Je n'ignore pas que la plupart des physiologistes, qui ont fait une étude particulière des phénomènes si complexes de la digestion, considèrent la matière lignoïde qui constitue le parenchyme des végétaux nourrissans, même les plus pulpeux, plutôt comme un *leste* servant à donner du corps et de l'expansion à l'aliment, que comme une substance réellement nutritive. — Mais ce leste fibreux, modifié, il est vrai, dans la nature et la proportion de ses élémens inorganiques, ne se rencontre-t-il pas aussi, en quantité assez notable, dans les matières animales que nos voies digestives assimilent presque en totalité? — Et en admettant, ce qui n'est pas prouvé, que dans la pomme de terre cuite, et réduite en poudre presque impalpable, la matière parenchymateuse soit complètement *inalibile*, il y aurait une correction augmentative à faire au chiffre 676 *grammes* 67, représentant la somme des substances nutritives qui figurent dans le deuxième mélange : en effet, par le mode d'extraction le plus minutieux, on est forcé de laisser une certaine quantité de fécule dans les particules du tissu fibreux qui échappent à l'action *dilacérante* de la râpe la plus fine. Mais ce déchet, dont je n'ai pas cru devoir tenir compte dans mes résultats analytiques, ce déchet qui est inévitable lorsqu'on veut obtenir la matière amilacée de la pomme de terre dépouillée de tous les principes immédiats auxquels elle est associée, devient tout-à-fait nul quand le tubercule tout entier est réduit en farine. Quoiqu'il ne soit pas très-facile de déterminer exactement le chiffre de ce déchet féculent, je ne crois pas l'exagérer en le portant à 3 p. % du poids total de la matière fibreuse sèche ; ce qui fait *six grammes* 66 *cent.* pour les 222 *grammes* de parenchyme contenu dans la farine de pommes de terre formant les deux tiers du deuxième mélange. En ajoutant cette quantité, toute minime qu'elle est, aux 776 *grammes* 67 *cent.* représentant les matières alibiles de ce deuxième mélange, on a 683 *grammes* 33 *cent.* dont la différence avec les 594 *grammes* fournis par le premier mélange est de 89 *grammes* 33 *cent.* En sorte que le pouvoir nutritif du mélange panifiable que je propose l'emporte de 9 p. % (nombre rond) sur celui de la farine le plus généralement employée par les paysans. Cette augmentation, quoique réduite à sa plus simple expression, ne laisse pas que d'être encore remarquable, et d'autant plus remarquable, qu'on veuille bien le noter, que le leste fibreux a été écarté de mes calculs comme substance tout-à-fait impropre à la nutrition, bien que, dans l'espèce, le fait en question n'ait pas encore été rigoureusement démontré, l'assimilation étant soumise à des lois qui ne cesseront de dominer celles que la chimie prétend avoir découvertes de toute la hauteur du principe vital, cette lettre close de la nature.

Je vais maintenant tâcher de prouver, en m'appuyant toujours sur des chiffres, que la farine de pommes de terre cuites, obtenue par le procédé que j'ai déjà décrit, ne reviendrait pas plus cher aux cultivateurs que les farines d'orge et de maïs qu'ils mêlent à celle de froment. Pour que les résultats de mes calculs reposent sur des données aussi certaines que possibles, j'estimerai, ne pouvant en préciser la valeur rurale, les pommes de terre, l'orge et le maïs au prix moyen de l'hectolitre de ces denrées, sur le marché de Bourg, pour ces dix dernières années (1835 à 1844 inclusivement). Il ressort de mes recherches à ce sujet que ce prix moyen a été pour la pomme de terre de 4 fr. 60 c.; pour l'orge de 12 fr. 06 c.; et pour le maïs de 11 fr. 10 c. En ramenant le prix de l'hectolitre à celui de *cent kilogrammes* de chacune de ces substances, on trouvera que 100 kil. de pommes de terre ont valu 4 fr. 842 (1)

    100 kil. d'orge   id.   18   843

    100 kil. de maïs   id.   14   763

Cent kilogrammes de pommes de terre peuvent fournir 29 kil. de farine bien sèche; ces 29 *kil.* reviennent donc, y compris 0 fr. 386 pour frais de mouture (2), à 5 *fr.* 228, ou 0 fr. 18 le kil.

Ainsi que je l'ai déjà dit, les paysans mêlent à leur froment partie égale d'orge et de maïs en volume: en réduisant le volume en poids, on trouvera que 100 kil. de mélange d'orge et de maïs sont formés de 45 *kilo.* 714

(1) Cinq doubles décalitres (ou un hectolitre) de pommes de terre de grosseur raisonnable, récoltées depuis sept à huit semaines et dépouillées de la terre qui les salit, pèsent, loyalement mesurés, 95 *kilogr.*, terme moyen. L'hectolitre d'orge et de maïs, bien vannés et passés au crible, pèse, en moyenne, l'orge 64 *kil.*, et le maïs 76 *kil.*

(2) J'estime ici largement les choses en portant cette mouture au même prix que celle du froment, c'est-à-dire sur le pied de 2 *fr.* par *cent cinquante kil.* de matière moulue. Quant aux frais de lavage, de coction, de conversion en pulpe et de dessication des tubercules, je n'en ferai pas mention, attendu que les paysans, préparant eux-mêmes leurs pommes de terres dans les intervalles libres que leur laisseraient les travaux des champs ou pendant les jours de grandes pluies, tiendraient peu compte probablement des courts instans qu'eux et leur famille consacreraient à cette manipulation peu pénible et plus simple et moins dispendieuse, au reste, que l'extraction de la fécule.

grammes d'orge et de 54 *kilo.* 286 *grammes* de maïs, valant ensemble, au prix moyen que j'ai déterminé plus haut, 16 fr. 627. Cent kilo. de cette espèce de méteil produisent 80 *kilo.* de farine assez grossière, qui reviennent par conséquent à 16 *fr.* 627, ou à 0 fr. 207 le kilo., en supposant toutefois que le meunier se contente, pour son salaire, de 18 à 19 *kilo.* de mauvais son et d'issues provenant du blutage de chaque quintal métrique d'orge et de maïs moulus ensemble (1).

Il y a donc déjà entre la farine de pommes de terre cuites et celle de maïs et d'orge une différence de 0 *f.* 027 par kil. en faveur de la première. Mais ce n'est pas tout: car si l'on a bien pris garde à ce que j'ai dit précédemment, on doit s'apercevoir que cette différence de 0 *f.* 027 n'est pas la seule qui existe entre les deux farines, puisque un kilo. de farine de pommes de terre représente, en réalité, *mille grammes* de matière sèche, tandis que un kilo. de farine d'orge et de maïs n'en représente que 829 *grammes* (Voyez le tableau synop.). Voilà donc (en nature) une nouvelle différence d'un peu plus de 17 p. % en faveur de la farine de pommes de terre. Il est important de remarquer, en outre, que cette dernière farine ne contient à peine que 2 p. % de très-petit son (formé de la pellicule épidermique des pommes de terre non pelées), tandis que la farine d'orge et de maïs de Bresse, blutée au cinquième de son poids de son et d'issues, renferme

encore, chose étonnante, près de 8 p. °/₀ d'écorce ou
de son plus ou moins ténu; ce qui réduit le kil. de
farine de pommes de terre à 980 *grammes*, et le kil. de
farine d'orge et de maïs à 749 *grammes* de matières sèches, à peu près de même nature, pouvant être appli-
quées à la nourriture de l'homme. Ainsi donc, pour
o *fr.* 18, le paysan aurait *mille grammes* de farine de
pommes de terre cuites, représentant 980 *grammes* de
substance sèche alimentaire, tandis que dans l'état actuel
des choses, il n'obtient, avec o *fr.* 207, c'est-à-dire en
dépensant o *fr.* 027 de plus, que *mille grammes* de farine qui ne représentent que 749 *grammes* de matière
sèche nutritive. En exprimant ces résultats en chiffres
encore plus clairs, il devient manifeste que *mille grammes* de matière véritablement alimentaire, fournis par
le mélange d'orge et de maïs, coûtent au paysan o *f.* 276,
tandis que *mille grammes* de matière tout aussi nourrissante, extraite de la pomme de terre, ne lui reviendraient
qu'à o *fr.* 184; ce qui lui offrirait une économie positive
de o *fr.* 092 par kil. de substance sèche alibile. Si ce
résultat vous semble exagéré, réduisez-le arbitrairement
d'un tiers; malgré cette réduction, ne serait-il pas encore
digne d'attirer l'attention des hommes qui s'occupent
avec tant de persévérance du bien-être de leurs sembla-
bles? — *Se mieux nourrir en dépensant moins :* tel est le
problème que les pauvres travailleurs doivent souvent se
poser, sans en trouver la solution, et que le vrai phi-
lanthrope s'efforcera constamment de résoudre.

Je suis persuadé que si l'emploi de la farine de pommes de terre cuites se généralisait assez parmi les laboureurs pour que la consommation en devînt considérable,
il s'établirait des fabriques qui pourraient, avec profit,

livrer en gros ce produit au prix de 15 à 16 *fr.* les cent kilogrammes. Voilà une assertion qu'il serait encore facile de démontrer arithmétiquement : en effet, le prix moyen de la fécule prise en fabrique, s'élève rarement à 25 cent. le kilo., et pourtant, dans la manipulation en grand, 100 kilo. de pommes de terre produisent à peine 14 *kil.* de fécule marchande ; or, si le fabricant peut souvent, avec bénéfice, la livrer en gros au commerce au-dessous de 25 *fr.*, voire même à 22 *fr.*, les 100 kil. (ou 22 cent. le kilo.), il faut admettre que s'il convertissait la pomme de terre tout entière en farine, il pourrait, en obtenant à moins de frais un produit presque double, vendre celui-ci près de moitié moins cher que la fécule. Donc, en estimant, comme je l'ai fait plus haut, le prix de revient de la farine de pommes de terre à 0 *fr.* 18 *le kilo.*, pour le paysan, je ne crois pas avoir porté cette denrée au-dessous de sa valeur réelle.

Mais, outre la farine, il résulterait de la mouture des pommes de terre cuites une forte quantité d'excellens gruaux (ou semoule), dont le débit serait la source d'un assez grand profit, tant pour les fabricans spéciaux que pour les cultivateurs qui prépareraient accessoirement leurs pommes de terre pour leurs besoins particuliers. Sous cette forme, c'est-à-dire en semoule très-fine, la pomme de terre ne se vendrait pas moins de 30 *fr.* les 100 kilo. aux marchands épiciers ou autres, puisque d'ordinaire ceux-ci achètent, en gros, la semoule de blé à un prix presque double, pour la revendre, il est vrai, au détail, 90 c. à 1 *fr.* 20 c. le kilo., selon la qualité. Mais il n'est pas douteux que si les détaillans pouvaient se procurer de la semoule de pommes de terre à 30 *fr.* les 100 *kil.*, et y gagner autant que sur la semoule de blé, ils donneraient la préférence au premier produit, attendu qu'en le vendant moitié moins cher que le second, ils verraient la consommation s'en étendre et, avec elle, leurs profits s'accroître.

En achetant en gros la semoule de pommes de terre à raison de 3o *fr.* les 1oo kilo., les épiciers pourraient certainement la livrer au détail à 5o *c.* le kilo.; et tout me porte à croire que lorsque les consommateurs en connaîtraient l'usage, ils s'empresseraient de payer 5o *c.* un produit dont l'équivalent leur coûte maintenant le double, surtout lorsqu'ils sauraient que *mille grammes* de ce produit, aussi sain que délicat, sont tout aussi nourrissans que *mille grammes* de semoule de froment. D'ailleurs, la semoule de pommes de terre étant plus sèche que celle-ci, absorbe, à poids égal, pour prendre la même consistance, un cinquième de plus de lait ou de bouillon : aussi je ne crains pas d'avancer que lorsque ceux qui consomment actuellement de la semoule de blé auront fait connaissance avec celle de pommes de terre cuites, ils adopteront presque exclusivement celle-ci, autant par goût que par économie.

Comme la farine et la semoule de pommes de terre cuites peuvent se conserver presque indéfiniment en lieu sec, il serait très-avantageux, dans les années d'abondance, d'en faire de grandes provisions qui compenseraient la rareté des grains dans les années stériles. Par la conversion en farine, en temps opportun, de toutes les pommes de terre qui, plus tard, pourrissent ordinairement malgré tous les moyens de conservation en nature employés jusqu'ici comme les plus efficaces, on obtiendrait une augmentation de produits alimentaires qu'on laisse perdre tous les ans, quoiqu'ils ne représentent pas moins du neuvième des tubercules récoltés. — La récolte de 1844 a été assez abondante pour que, dans le courant d'avril de la présente année (1845), des fermiers vinssent offrir sur le marché de Bourg l'excédant de leurs pommes de terre à 40 c. le double-décalitre, craignant de les perdre entièrement par la germination qu'activait la chaleur fugitive que nous éprouvâmes à cette époque. Eh bien! si en novembre, décembre, janvier, voire même en février, l'excédant des besoins prévus de ces tubercules en nature avait été successivement converti en farine, non seulement en Bresse, mais par toute la France, quelle masse de matière alimentaire (1), je le demande aux *statisticiens*, n'eût-on pas préservée de la pourriture et conservée peut-être à ceux dont la vie est une lutte presque continuelle contre *l'inanitiation ?* Je voudrais pouvoir traduire ici, en chiffres, la quantité de substances alibiles perdue pour l'homme et les animaux domestiques; je crois qu'elle est énorme, bien qu'il me soit impossible de la déterminer d'une manière exacte, faute de données certaines.

Avant de terminer cette note, déjà bien longue, je

(1) Un champ planté de pommes de terre fournit, en moyenne, près de cinq fois autant de matière nutritive qu'un champ d'égale étendue et de même qualité ensemencé en blé. — Quand on pense qu'il y a 80 ans la pomme de terre était à peine cultivée en France, qu'à peine alors en nourrissait-on les animaux les plus vils, quel tribut de reconnaissance ne croit-on pas devoir payer à la mémoire du promoteur de la prodigieuse multiplication de ce précieux végétal, qui forme actuellement plus du dixième de la masse totale de la nourriture des deux tiers de l'Europe !... On récolte aujourd'hui en France près de *deux cents millions* d'hectolitres de pommes de terre, employés à l'alimentation de l'homme et des animaux domestiques ou transformés, par l'industrie, en fécule, en dextrine, en glucose, en alcool...

vais donner quelques résultats de panification, obtenus de la farine de pommes de terre cuites, combinée dans différentes proportions avec la farine bise de froment, dite farine quatrième, ou troisième de gruau ; avec ce produit, d'ordinaire si peu riche en gluten et toujours si chargé de son et de matière extractive-mucilagineuse, que les boulangers emploient dans les villes à la fabrication du pain *taxé* des pauvres (1). Je ferai ensuite quel-

(1) MM. Bouchardat et Leduc, de Luynes, ont eu l'idée, il y a quelques années, de panifier la pomme de terre, à l'aide du caseum du lait. Il ne paraît pas que cette tentative ait été couronnée de succès ; car on n'en a plus reparlé depuis. M. Paul Gaubert, à l'article pomme de terre de son nouveau dictionnaire des alimens, assure que M. Gannal, en poursuivant les essais de Parmentier, serait arrivé à confectionner un pain de pommes de terre, *d'excellente qualité*, qui pourrait être vendu, avec bénéfice, à 0 fr. 175 le kilo. Si cela est vrai, pourquoi M. Gannal, dans l'intérêt du pauvre, ne s'empresse-t-il pas de donner toute la publicité possible à sa découverte?... Déjà, en 1833 (voy. séances de l'Institut, des 15 et 22 avril), M. Gannal avait présenté à l'Institut des échantillons d'un pain, composé de farine bise de froment et de fécule de pommes de terre, dont les *quatre livres*, non compris les frais de manutention et de cuisson, ne devaient pas coûter plus de *six sous* (ou 15 centimes le kilo.)

Voici les proportions des principes constituans de ce pain et son mode de fabrication.

Farine bise (dite 4ᵉ)	10 kilog. à 25 fr. les 159 kilo.
Fécule de pommes de terre .	20 kilog. à 24 fr. les 100 kilo.
Cassonnade brute	250 gram. à 80 cent. le 1/2 kilo.
Sel de cuisine	250 gram. à 25 cent. le 1/2 kilo.
Levure de bière	250 gram. à 50 cent. le 1/2 kilo.
Eau	22 litres.

On fait le soir, avec les 10 kilo de farine et 8 litres d'eau, une pâte que l'on n'emploie que le lendemain matin. On fait alors bouillir les 14 litres d'eau qui restent et on les verse sur 10 kilo de fécule, en y ajoutant le sel et le sucre. On fait une pâte homogène qu'on laisse reposer pendant une demi-heure, après quoi on y incorpore le reste

ques observations sur la manière de convertir en pain la farine de pommes de terre cuites mêlée à la farine de froment (blutée au cinquième de son poids de son et d'issues), dans la même proportion que le paysan y associe communément celles d'orge et de maïs réunies.

Pour se transformer en une pâte propre à donner un pain de bonne consistance et recouvert d'une croûte d'épaisseur convenable, *mille grammes* de farine quatrième, de qualité ordinaire, absorbent *six cents grammes* d'eau.

On verra dans le petit tableau suivant les résultats comparatifs de quelques expériences de panification, faites avec la farine quatrième pure, puis associée, dans différentes proportions, à celle de pommes de terre cuites :

de la fécule. Quand le mélange est bien fait, on y joint la pâte de farine préparée de la veille ; puis, la levure délayée dans une petite quantité d'eau, et l'on travaille la pâte comme à l'ordinaire. Il ne faut pas attendre qu'elle soit entièrement levée pour l'enfourner. Le four ne doit pas être aussi chaud que pour le pain ordinaire: trois quarts d'heure suffisent pour la cuisson des pains de 2 kilogrammes. Pour que ces pains aient une croûte agréable, il faut qu'ils soient roulés dans de la farine et non dans de la fécule. — Pour du pain très-blanc, au lieu de farine bise, on prendra de la farine de première de gruau et 20 litres d'eau au lieu de 22.

Nota. Je ferai remarquer qu'il résulte des calculs basés sur les prix mêmes signalés par M. Gannal, pour chacun des élémens qui entrent dans la confection de son pain, abstraction faite des frais de fabrication, que cet aliment reviendrait au moins à *dix-huit centimes* le kilogramme au lieu de *quinze centimes*.

FARINE 4me.	FARINE de pommes de terre cuites.	POIDS total des FARINES employées.	EAU absorbée	POIDS de la PATE obtenue.	POIDS DU PAIN sortant du Four.	PERTE AU FOUR.		DIFFÉRENCE respective en plus entre le poids des trois derniers pains et celui du premier
Gram.	Gram.	Gram.	Gram.	Gram.	Gram.	Grammes.		Grammes.
1,000	Néant.	1,000	600	1,600	1400.	200.	ou 12.50 p. °/₀	00.
910	90	1,000	740	1,740	1410. 12	329.88	ou 18.95 p. °/₀	10. 12
900	100	1,000	760	1,760	1464. 54	295.46	ou 16.80 p. °/₀	64. 54
860	140	1,000	835	1,835	1548. 28	286.72	ou 15.64 p. °/₀	148. 28

Il résulte finalement des chiffres de ce tableau que *mille grammes* de farine quatrième, employée seule, ne donnent que 1,400 *grammes* de pain, tandis que 860 *grammes* de même farine, mêlée à 140 *grammes* de farine de pommes de terre cuites (soit aussi *mille grammes* de matière à panifier), en produisent 1,548 *grammes* 28 *centigrammes*, ou près de 15 *p.* °/₀ de plus. Indépendamment de cette différence marquée dans la quantité, il y en a aussi une sensible dans la qualité: le dernier pain n'est pas essentiellement plus nourrissant que le premier, sans doute, mais il est plus agréable au goût, trempe mieux et se conserve plus long-temps frais que celui-ci. Il y aurait donc à la fois profit et pour le consommateur et pour le boulanger.

Mais c'est surtout comme substance à substituer aux farines d'orge et de maïs dans la fabrication du pain des paysans, que la farine de pommes de terre cuites est appelée à produire les résultats comparatifs les plus frappans. — Dans les villes, le pain bis fabriqué par les boulangers est presque toujours mangeable ; malgré tout ce qu'il a de défectueux, c'est véritablement du pain ; tandis que celui que *s'ingèrent* et dont *s'indigèrent* souvent nos pauvres laboureurs n'en a que la forme et le nom. Je crains cependant qu'il ne soit pas facile de leur faire renoncer d'emblée à ce détestable aliment. Quoi qu'il en soit, voici quelques instructions qui ne seront pas inutiles, je pense, à ceux qui, plus progressistes que les autres, voudront faire quelques essais de panification avec la farine de pommes de terre cuites :

Il faut, avant tout, que le mélange à panifier se fasse dans les proportions suivantes : un tiers au moins de farine de froment mêlée, à sec, aussi exactement que possible, à deux tiers au plus de farine de pommes de terre (1). Le pétrissage, cette opération qui exerce une si grande influence sur la qualité du pain, doit être mené vigoureusement et durer, pour 50 *kil.* de pâte, au moins trois quarts d'heure, à partir du moment où toute la farine aura absorbé l'eau nécessaire à sa conversion en

(1) On le comprend bien : plus la proportion de farine de froment sera forte, plus aussi le produit sera spongieux et présentera les qualités distinctives du vrai pain. Le mélange le plus favorable, selon moi, pour le paysan (s'il y avait moyen de lui en faire comprendre toute l'économie sous le rapport de l'hygiène), serait celui formé par *trois cinquièmes* de farine de froment pour *deux cinquièmes* de farine de pommes de terre cuites : le pain qui en résulterait serait de beaucoup supérieur, à tous égards, à celui fourni par le mélange avec un tiers seulement de farine de froment ; il serait aussi plus blanc, plus agréable au goût, plus spongieux et plus nourrissant, à poids égal, que celui du pain bis soumis à la taxe. — Il y a encore un mélange que je ne désapprouverais pas, c'est celui des farines de froment, de seigle (ou d'orge) et de *pommes de terre cuites*, associées dans la proportion d'un tiers chacune. Dans tous les cas, ce dernier mélange serait un *pis-aller*.

pâte. En été, il faudra employer de l'eau à la température de 33 degrés centigrades au plus; mais en hiver, lorsqu'il fera bien froid, on pourra la porter, sans inconvénient à 40 degrés (1).

La pâte doit être plus ferme que celle du pain ordinaire; la quantité d'eau absorbée dépendra de l'état de pureté de ce liquide, de sa température, de l'habileté du pétrisseur, de la qualité et du degré de sécheresse de la farine employée; en définitive, c'est l'expérience seule qui apprendra aux fabricans dans quelle proportion, telles conditions existant, l'eau doit être combinée avec la farine pour produire le meilleur résultat possible. Le plus ordinairement cependant, pour *mille grammes* de la farine dont il s'agit, il faudra environ 999 *grammes* d'eau; quelquefois même le poids du liquide absorbé pourra dépasser d'un vingtième celui de la farine.

Le sel est ici encore plus indispensable que dans le pain de pur froment : *quatre grammes et demi* par mille grammes de pâte seront suffisans. On le fera dissoudre préalablement dans *à peu près* la quantité d'eau qu'on présumera devoir entrer dans la composition de la pâte. En y ajoutant *un gramme 30 centigr.* de *carbonate de magnésie*, la pâte se lèvera mieux et le pain sera plus volumineux. L'usage du carbonate de magnésie ne peut avoir, à cette dose, aucun inconvénient (2).

(1) C'est-à-dire que l'eau doit être l'été à la température d'un bain tiède, et que l'hiver, elle devra être plus chaude; mais jamais assez pour qu'on ne puisse pas y tenir la main sans éprouver une sensation désagréable.

(2) L'emploi du carbonate de magnésie augmenterait le prix du pain d'environ *deux centimes* par kilo; mais ici le sacrifice serait largement compensé par la meilleure qualité du pain.

Il faut que le levain soit très-fort et double de la quantité employée communément, afin que la *fermentation panaire* puisse atteindre tout son développement en moins de 3 *heures* 1/2 l'hiver, et de 2 *heures* 3/4 en été. Ici encore la pratique personnelle sera le meilleur guide à consulter.

Le délayement exact du levain dans l'eau est un point important d'où dépend le mélange parfait de la farine avec le principe fermentescible : plus ce mélange sera intime, en un mot plus la pâte sera homogène, mieux la panification réussira.

La pâte doit être divisée en pâtons de cinq à sept kil. au plus, afin que la mie se cuise également et qu'elle ne reste pas visqueuse dans la partie centrale du pain (1).

Je n'ai rien de particulier à dire concernant la température du four et le temps que le pain doit y rester pour que *sa cuisson* ne laisse rien à désirer : les boulangers de profession ou ceux qui ont l'habitude de faire cuire eux-mêmes leur pain auront bientôt trouvé le degré le plus favorable à ces deux conditions. Je ferai néanmoins remarquer qu'il n'y a pas d'inconvénient à chauffer le four un peu plus vivement que pour la cuisson du pain de *pâte ferme* de pur froment, et qu'il vaut mieux que

(I) M. Gauthier du Claubry a constaté, par des expériences qui présentent toute garantie d'exactitude, que la température de l'intérieur des pains cuits de deux kilo, sortant du four (c'est-à-dire au moment où elle doit être le plus élevée), n'atteint jamais celle de l'eau bouillante ; elle est, en moyenne, d'un peu plus de *quatre-vingt-dix-sept degrés.* Il est probable que lorsque le poids des pains surpasse de beaucoup deux kilo, la température de la mie s'élève à peine assez pour sa cuisson. Au-dessous de *quatre-vingts degrés*, elle se cuirait fort mal — Du reste, selon Tillet, la température des fours des boulangers ne saurait dépasser *deux cent trente-un degrés* Réaumur.

l'aliment dont je m'occupe ici y séjourne un peu trop que pas assez: plus la croûte prendra graduellement d'épaisseur (après que le *surboursoufflement* presque subit de la pâte se sera produit au contact du four), plus ce pain sera savoureux et aura de qualité (1).

(I) Hippocrate, Bacon et quelques hygiénistes modernes assurent que le pain nourrit d'autant mieux les hommes qui font une grande dépense de forces musculaires, qu'il est plus compacte et qu'il a moins subi la fermentation qui lui est spéciale et l'action du calorique: c'est aussi une idée assez répandue parmi le peuple de la campagne. Qui n'a pas entendu quelquefois dire aux paysans, en parlant du pain blanc: « Ce pain est *trop bon*; il ne soutient pas, *il ne reste pas au ventre.* » — En effet, le pain blanc (pour me servir de l'expression vulgaire) ne tient pas au ventre de ceux qui, étant doués d'un estomac vigoureux, éprouvent, alors qu'ils sont soumis à un exercice musculaire prolongé, le vif besoin de renouveler les matériaux nécessaires à l'entretien de la vie: mais si, dans le cas dont il s'agit surtout, cet aliment séjourne moins long-temps dans l'estomac, ce n'est pas parce qu'il est moins nourrissant que le pain noir et lourd des paysans, c'est parce qu'à volume égal, il leste moins l'estomac que ne le fait ce dernier; c'est parce qu'il résiste moins à l'action dissolvante du suc gastrique, qu'il arrive, par conséquent, plus vite dans les secondes voies et que l'assimilation de la matière, vraiment nutritive, qu'il contient en est plus prompte. Le pain lourd et mal cuit apaise pour plus long-temps la faim, c'est incontestable, que le pain mieux boulangé; mais c'est le plus souvent au détriment de la *nutrition* et d'une manière factice: en pareil cas, le sentiment de la faim s'éteint par un mouvement réactionnaire de l'estomac sur le cerveau, sans que la réparation interstitielle en soit toujours la cause médiate et nécessaire. — Ceux qui mangent habituellement de ce pain noir, grossier, indigeste, l'ont adopté surtout, soyez-en persuadés, parce ce qu'ils ne peuvent pas, au même prix, s'en procurer de meilleur; car à poids égal (notez bien que je dis à poids et non à volume égal), le bon pain blanc de froment nourrirait mieux, plus complètement, plus sainement, l'homme de peine, quelle que soit sa dépense quotidienne de forces musculaires, que ne le ferait cette pâte lourde, acide, dont se contentent la plupart de nos laboureurs. — Beaucoup d'ouvriers, voués dans nos villes à des tra-

Une fois sorti du four, chaque pain sera mis, *sur champ*, à quelques centimètres l'un de l'autre, dans un lieu sec et frais.

Si en suivant exactement les instructions que je viens de donner, concernant la fabrication de ce genre de pain, la mie en restait un peu compacte, elle n'en serait pour cela ni plus indigeste, ni moins nourrissante, surtout pour des estomacs habitués aux alimens grossiers; cette mie s'imbiberait un peu moins dans la soupe, voilà tout; car il ne faut pas oublier que la farine de pommes de terre, qui figure pour les deux tiers dans le pain dont il est question, était déjà parfaitement cuite avant sa panification. Au reste, je n'ai jamais cru qu'avec deux tiers de farine de pommes de terre cuites ou crues *et un tiers seulement de farine de froment*, on pût fabriquer un pain de toute satisfaction; mais j'ai dit (et l'expérience de chacun le confirmera, j'ose l'espérer) que l'aliment qui résulterait de ce mélange vaudrait mieux et coûterait moins que celui que les paysans obtiennent aujourd'hui avec le mélange qu'ils ont le plus généralement adopté. Sous le rapport de la salubrité, du goût et du pouvoir essentiellement nutritif, le pain que je propose aux laboureurs me semble supérieur à celui qu'ils mangent actuellement, et qu'ils mangeront peut-être

vaux aussi rudes que ceux des champs, vivent presque exclusivement de pain blanc et de végétaux, et sont certainement aussi bien substantés que nos paysans qui, du reste, ne sont pas obligés d'être hygiénistes. Il est probable pourtant que c'est en adoptant, de confiance, le préjugé populaire, plutôt qu'en s'éclairant par l'examen direct et la preuve expérimentale du fait, que les habiles et profonds observateurs que j'ai osé citer tout à l'heure ont conçu une opinion auss peu digne de leur haute intelligence et de leur immortel génie.

encore long-temps, si les gens éclairés qui sont en rapports immédiats avec eux ne leur prêchent d'exemple; car il ne faut pas se le dissimuler, le peuple des campagnes est plus routinier, plus apathique que celui des villes: aussi n'est-il pas facile de lui faire comprendre tout ce qu'il y a d'insolite dans la plupart de ses préjugés.

En fin de compte, l'on voit qu'en adoptant la farine de pommes de terre cuites pour une des principales bases de leur alimentation, les paysans pourraient se procurer, pour o *fr.* 184, un *kil.* de substance alibile sèche, qui, ayant perdu par la dessication plus de 70 p. °/₀ de sa propre humidité, solidifie en se panifiant, ainsi que l'expérience le démontre, près d'un tiers plus d'eau que *mille grammes* de farines d'orge et de maïs qui, ramenés aux mêmes conditions élémentaires, quant au pouvoir nutritif, leur coûtent o *fr.* 276 (1). — Quel

(1) Je crois devoir donner ici une note concernant la fabrication d'un pain que j'ai eu l'honneur de présenter à la Société royale d'Agriculture de l'Ain, pour être comparé au pain ordinaire de nos paysans.

Voici de quels élémens ce pain était composé:

Farine de froment blutée à 20 p. °/₀, y compris celle qui servit à faire le levain . . . . Grammes, 375

Farine de pommes de terre cuites à l'eau, puis séchées au four jusqu'à un commencement de torréfaction. 745
_____

Poids total de la farine employée . . . Grammes, 1120

Eau absorbée, y compris celle qui entra dans la composition du levain 1160

Sel marin 10
_____

Poids de la pâte obtenue (elle était bien plus ferme que celle préparée pour le pain ordinaire) . . . . Grammes, 2290

Poids du pain à sa sortie du four 1780
_____

Perte au four 510

(Ou 22, 37 p. °/₀)

que soit le point de vue sous lequel on envisage les résultats économiques certains qu'on obtiendrait, par la substitution de la farine de pommes de terre cuites à celles des céréales précitées, dans la fabrication du pain des laboureurs, on les trouvera assez importans pour qu'ils méritent d'être pris en sérieuse considération, non seulement par ceux qui sont directement intéressés dans la question, mais encore par tous les véritables philanthropes.

Fleur de farine d'orge. — Il y a dans l'orge (comme dans le seigle et quelques autres graminées) deux espèces de fécules : l'une qu'on obtient, de prime abord, toute blanche comme celle de froment ; et l'autre, plus

Poids du pain après son entier refroidissement, c'est-à-dire 6 heures après sa sortie du four . . . . Grammes, 1720

(Ou 153 *grammes* 57 *c.* de pain très-cuit pour 100 grammes de farine employée.)

La température de l'eau qui servit à la fabrication de la pâte était à 33 *degrés centigrades.*

Le pétrissage dura 20 minutes.

Le travail de la fermentation panaire s'est accompli en 2 heures 1/4.

La cuisson s'est opérée en 1 heure 50 minutes ; ce sont 40 *minutes* de plus que le temps nécessaire à la cuisson parfaite d'un pain ordinaire de *deux kilogrammes.*

Le levain, moins fort que j'aurais voulu qu'il fût, pesait 300 *grammes.*

D'après les renseignemens qui m'ont été fournis par plusieurs paysans, j'ai calculé (en attendant que je puisse m'en assurer par l'expérience directe) que 1000 *grammes* de leur farine, panifiée dans les mêmes conditions que celle qui a produit le pain soumis à l'examen de la Société royale de l'Ain, doivent donner à peine 1300 *grammes* de pain contenant, du reste, à poids égal, ainsi que je crois l'avoir suffisamment démontré, moins de substance véritablement alimentaire que le pain dont il est question ici.

Les 600 *grammes* d'eau, restés en combinaison dans les 1720 *grammes* de pain fournis par les 1120 *grammes* de mélange de farine mentionné

grossière, qui reste bise et grasse malgré des lavages multipliés et prolongés. La première est en petite quantité dans cette céréale ; elle y figure pour environ 8 *p.* % au plus. La seconde s'y trouve dans la proportion de 22 à 25 *p.* %. Dans le seigle, la proportion de fécule blanche est un peu plus forte ; néanmoins la fleur de farine de ce grain n'en fournit guère que 20 à 23 *p.* %. — Il n'est pas étonnant, dès lors, que dans tous les temps, les amidonniers se soient adressés, pour l'extraction de la matière amilacée, plutôt au froment et à

[...] ci-dessus, ont dû se répartir dans les proportions suivantes, dans les deux espèces de farines composant le mélange :

1° Pour les 375 *grammes* de farine de froment, 194 grammes d'eau.

2° Pour les 745 *grammes* de farine de p. de terre, 406 *grammes d'eau.*

Ensemble . . . . 600 grammes d'eau

solidifiés momentanément ou convertis en pain.

Il est bon de faire observer que sur les 194 *grammes* d'eau solidifiés par les 375 *grammes* de farine de froment, 44 *grammes* environ existaient naturellement dans cette farine et que la portion d'eau provenant du pétrissage n'est que de 150 *grammes*. Quant aux 406 *grammes* d'eau panifiés par les 745 *grammes* de farine de pommes de terre, ils résultent entièrement, comme on doit bien le penser, du liquide absorbé dans la fabrication de la pâte. — La perte subie au four par la partie de la pâte formée par la farine de froment a été de 20 *p.* % *au plus*, tandis que celle éprouvée par la portion de la pâte composée de farine de pommes de terre a dû s'élever à environ 24 *p.* %. En définitive, la farine de pommes de terre transformée en pain bien cuit (et sorti du four depuis 6 heures seulement), contient près de trois fois et demie moins d'eau que la pomme de terre elle-même, puisque 1151 *grammes* de pain, résultant de 745 *grammes* de farine de pommes de terre, ne renferment que 406 *grammes* d'eau en combinaison, tandis que dans la quantité de pommes de terre équivalant à 745 *grammes* de farine de ces tubercules, soit 2569 *grammes*, il se trouve 1824 *grammes* de liquide introduit par la végétation. Donc 1151 *grammes* de pain de farine de pommes de terre pure nourrissent au moins autant que 2569 *grammes* de tubercules frais, d'excellente qualité.

ses issues qu'à toutes les autres graminées, puisque ce triticum contient presque trois fois autant de fécule blanche que le plus beau seigle.

Jusqu'à présent, les différentes expériences qui ont été faites pour déterminer la proportion de gros et de petit son produit par la mouture de l'orge ont établi que ce grain n'en pouvait contenir que 14 à 15 $p.$ $\%$. Quant à moi, j'en ai trouvé 27 $p.$ $\%$ dans l'orge de bonne qualité triée grain à grain.

Ce qui m'a le plus surpris en traitant la fleur de farine de cette céréale, c'est d'en avoir pu extraire, par un procédé purement mécanique, du gluten insoluble, pesant, à l'état humide, un tiers de plus que celui que j'avais retiré de la farine employée par la plupart des paysans de la Bresse, et où le froment (très-médiocre, il est vrai) figure pour un tiers. Beccari, Kessel-Meyer, Model, Rouelle le jeune, Parmentier, Teissier, etc., disent n'en avoir trouvé aucune trace dans l'orge ; Fourcroi, Macquer, Vogel, Henri père, pensent qu'il en existe *à peine des traces* dans les farines du seigle *et de l'orge*. Beaucoup d'autres chimistes, dont j'ai consulté les écrits, n'en disent rien ou n'en parlent que comme d'une substance azotée qu'on ne rencontre dans ces graminées qu'à l'état soluble, et dont on ne peut mécaniquement réunir les molécules pour en former un corps homogène, palpable, présentant les caractères physiques du véritable gluten. Aucun chimiste, que je sache, n'a encore donné, *en nature*, la proportion pondérable du gluten contenu dans l'orge (1). Un chimiste distingué, M. Boussingault,

(I) C'est principalement de l'orge *germée* qu'on retire cette substance pulvérulente, douée à un si haut degré de la propriété de produire, à l'aide d'une douce chaleur, la rupture des utricules de l'ami-

a proposé, pour déterminer la quantité de matière glutineuse qui existe dans la farine des céréales, un moyen
qui me semble peu rationnel, c'est celui d'en extraire
l'azote et de baser le poids présumable du gluten sur
celui de l'azote obtenu. En partant de ce principe, on
trouverait indubitablement du gluten, non seulement
dans presque toutes les graminées, mais encore dans les
graines légumineuses, dans les crucifères, dans les marrons d'Inde et plusieurs autres végétaux, où certes aucun chimiste ne se fût douté de la présence du gluten.

Il existe donc incontestablement du gluten dans l'orge,
puisque, par des procédés purement mécaniques, j'ai
pu l'extraire en totalité d'une quantité donnée de farine
de cette céréale. Il est presque impossible, j'en conviens,
de séparer ce gluten des autres principes immédiats
auxquels il est associé, en suivant purement et simplement le procédé de Beccari. — Pour réussir, il faut n'o-
pérer que sur de la farine tamisée très-fin et en faire
une pâte très-dure qu'on malaxe, ou plutôt qu'on roule
(par portions de 25 grammes au plus) dans le creux de
la main gauche, sous de l'eau tombant goutte à goutte,
en ayant soin de placer sous l'appareil un tamis de soie
très-serré. Chaque morceau de pâte doit être manipulé
de telle sorte que les molécules du gluten se rapprochent
peu à peu, en se débarrassant de l'amidon, du petit son

don, de mettre la dextrine à nu et de convertir celle-ci en matière
saccharoïde, si l'on ne porte promptement la liqueur à l'ébullition. Le nom
de *diastase*, qui exprime son pouvoir de séparation, a été donné à cette
substance par MM. Payen et Persoz qui, les premiers, l'ont isolée des
principes immédiats de l'orge germée. Il suffit d'une partie de diastase
pour faire éclater les globules de deux mille parties d'amidon. Les
chimistes ne sont pas encore d'accord sur le rôle que joue la diastase
dans le travail de la germination des graines et des racines féculacées.

et des matières solubles, pour former des grumeaux plus ou moins gros, mais toujours assez volumineux pour être retenus par le tamis.

Quand il ne reste plus rien dans la main, on recueille exactement tous les petits grumeaux et l'espèce de putrilage insoluble restés sur le tamis; on en forme une petite masse (qui n'est encore ni ductile ni élastique) qu'on serre dans un nouet de mousseline un peu claire; on agite ce nouet dans un grand verre à pied, à moitié plein d'eau pure qu'on renouvelle à mesure qu'elle se trouble et que le petit son se sépare du gluten; lorsque le putrilage filamenteux et grumeleux formé par celui-ci ne laisse plus échapper de petit son et de fécule, on défait le nouet qu'on met à égoutter sur un vase creux quelconque, puis l'on cherche, en repétrissant doucement ce putrilage dans le creux de la main gauche avec l'index de la droite, à débarrasser peu à peu, à l'aide de quelques gouttes d'eau qu'on ajoute successivement, les grumeaux glutineux des matières hétérogènes (amidon, saletés diverses, petit son) qui les empêchent de se réunir pour former une masse homogène présentant à peu près les caractères physiques du gluten de froment. — Cette troisième phase de l'opération est longue et difficile à décrire; c'est par la pratique seule qu'on acquerra le genre de dextérité nécessaire à l'obtention d'un résultat exact.

La matière glutineuse ainsi obtenue est d'une couleur encore plus brune que le gluten le plus médiocre extrait des farines quatrièmes; les fibres en sont courtes, peu élastiques et bien moins ductiles et tenaces que celles du gluten de froment triticum. Pourtant, en pétrissant cette substance entre les doigts pendant un quart d'heure, pour lui faire dégorger l'eau qu'elle retient en excès, elle devient un peu plus extensible, mais elle n'acquiert que faiblement cette ténacité si remarquable dans le gluten de froment. Aussi peut-on malaxer fort long-temps le gluten d'orge entre les doigts, même non humectés, avant qu'il y adhère. Lorsqu'on l'étend en couches minces, il paraît moins lisse, moins tendineux que le gluten ordinaire dont, au reste, il n'a que légèrement l'odeur *sui generis*. En séchant complètement, il éprouve un déchet encore plus fort que celui que subit le plus beau gluten pour arriver au même degré de siccité. Comparé au poids brut de l'orge, il doit y figurer, à l'état sec, dans la proportion d'un centième. Sous le rapport de la panification, cette quantité, fût-elle double, serait presque nulle, surtout à cause du peu d'élasticité et de ténacité du produit. Aussi les gaz qui se développent pendant la panification de la farine d'orge, employée sans addition de froment, se dégagent facilement de la pâte, et le pain qui résulte de celle-ci est compacte et indigeste. — Associée à celle de froment, dans la proportion de moitié, la farine d'orge, *blutée très-fin*, produit un pain d'une assez bonne qualité, mais il revient alors aussi cher que le pain de pur froment. La farine grossière d'orge, telle que les paysans du Nord la font préparer pour leur usage, donne un pain pailleux, détestable, qui, selon M. Gannal, ne contient pas $15\ p.\ \%$ de matière assimilable.

Maïs — De toutes les préparations qu'on fait subir au maïs pour l'appliquer à la nourriture de l'homme, la meilleure est celle qui consiste à le convertir en semoule fine et à lui faire subir dans cet état la coction simplement dans l'eau. Voici comment on doit y procéder :

après avoir bien lavé la semoule à plusieurs eaux, pour
la purger du son qui s'y trouve encore mêlé, on la met
dans une marmite avec une fois et demie son volume
d'eau pure, et demi pour cent de son poids de sel, pour
la faire bouillir (à vase découvert) sur un feu très-vif:
lorsque l'eau qui surnageait est absorbée, on retourne
plusieurs fois la semoule, à l'aide d'une cuillère de bois,
en raclant le fond du vase, et l'on en égalise la surface.
On place ensuite la marmite, bien couverte, sur un feu
de braise extrêmement doux, et on l'y laisse pendant
une heure, en ayant soin de soulever le couvercle de
temps à autre, pour faire égoutter promptement la vapeur d'eau qui s'y condense à fur et à mesure qu'elle
se dégage de la semoule. On obtient ainsi une pâte
grenue d'un fort bon goût, très-nourrissante, très-saine et
d'une facile digestion : on la mange soit au beurre, soit
au lait, ou en guise de pain avec toute espèce de mets.
C'est presque exclusivement sous cette forme que, dans
les colonies, les planteurs et les nègres surtout font
usage de cet aliment qui les nourrit mieux que le manioc, et même, à poids égal, mieux que le riz si riche
en matière féculente. Il est meilleur chaud que froid, et
il faut préférer le maïs jaune au maïs blanc.

Dans les colonies, le maïs, récolté bien mûr depuis
plusieurs mois, contient 10 à 12 p. %, de fécule de
plus et 5 à 6 p. %, *d'eau de végétation de moins* que le
maïs de Bresse.

La fécule de maïs jaune, extraite par simple lixivia-
tion, reste colorée, grasse et conserve le goût de maïs,
malgré des lavages multipliés dans trois cents fois son
poids d'eau. En séchant, elle ne devient pas plus blanche
qu'à l'état humide, tandis que ce changement de nuance

se remarque dans presque toutes les matières amilacées passant de l'état humide à l'état sec. Cette fécule, mise en contact avec l'eau, à une température au-dessus de 12 degrés, a une grande tendance à devenir acide et à entrer en fermentation. Même lorsqu'elle a été parfaitement séchée à l'étuve, elle rancit promptement, à cause de la présence d'une matière huileuse qui y adhère, et pour l'élimination de laquelle il faudrait employer l'éther sulfurique. Selon MM. Dumas et Payen, la proportion de cette huile, de couleur jaune, est de 9 p. % dans le maïs. M. Liébig prétend, au contraire, que cette graminée contient à peine un millième de matière grasse.... En vérité, quelle confiance peuvent inspirer au vulgaire les résultats analytiques des matières organiques très-complexes, lorsque des chimistes aussi éminens que ceux je viens de citer sont en pleine contradiction sur la quantité, plus ou moins considérable, d'un principe dont la proportion est si facile à constater dans les végétaux et les substances où il en existe ?... Pauvre science ! ou plutôt pauvres savans !

D'après mes expériences, 1,000 grammes de beau maïs jaune de Bresse produisent, par une première mouture bien dirigée, savoir : 480 *grammes* de semoule, 290 *grammes* de farine plus ou moins fine, et 230 *grammes* de gros et de petit son et de germes broyés en très-petits fragmens. La semoule, ou gruau fin, est constituée par les couches les plus dures du grain, et la farine par les parties les plus tendres, ou plutôt par les plus friables de son parenchyme. Il est indispensable que le maïs soumis à ce genre de mouture soit bien mûr et aussi sec que possible, et que, en outre, les meules entre lesquelles on le broie ne soient pas trop rapprochées. Une particularité digne de remarque, c'est que la semoule de maïs, placée à l'abri de l'humidité, peut se conserver indéfiniment sans aucune altération, et n'est que très-rarement attaquée par les charançons et les alucites, tandis que le germe et la portion du grain qui se convertit tout d'abord en farine se piquent et prennent de la rancidité et de l'amertume au bout de quelques mois: aussi, faut-il consommer promptement cette farine, soit en bouillie, soit en gâteaux, ou l'employer en pâtée à l'engrais des volailles et des porcs.

Je ne terminerai pas cette note sur le maïs sans rappeler ici que l'an dernier, au congrès scientifique de Milan, un médecin italien, le docteur Balardini, lut un assez long mémoire tendant à démontrer par des faits que c'est à l'usage exclusif du blé de Turquie comme aliment qu'il faut attribuer la fréquence de la pellagre (1) parmi les paysans d'une grande partie de la Lombardie. Cette assertion, bien que combattue par un autre médecin qui cita à l'appui de son opinion nombre de faits contraires à ceux allégués par le docteur Balardini, n'est pas moins de nature à éveiller l'attention des hygiénistes; car si le maïs n'est pas la cause unique, absolue de la *pellagre*, il faut reconnaître avec M. Balardini que l'origine de cette redoutable maladie n'est pas ancienne, et semble, par une étrange coïncidence, se rattacher à l'introduction et à la culture du blé de Turquie en Italie, et parti-

---

(1) La pellagre, connue aussi sous les noms de *mal de misère, scorbut alpin*, etc., est une maladie squammeuse de la peau affectant d'abord le caractère périodique pour devenir chronique plus tard : elle est symptomatique d'une affection presque toujours mortelle de l'appareil digestif et du système nerveux *cérébro-spinal*. Aussi, tout nouvellement, un médecin distingué de Bordeaux, le docteur Léon Marchand, l'a-t-il caractérisée sous le titre de *gastro-entéro-rachialgie*.

culièrement dans la grande vallée du Pô, où cette céréale forme presque privativement la nourriture des
laboureurs. Il n'est pas impossible qu'en changeant de
sol et surtout de climat, le maïs, qui ne mûrit parfaitement bien que sous la zône torride (1), éprouve dans la
constitution élémentaire de ses principes immédiats des
altérations qui, tout en échappant à l'analyse chimique,
peuvent devenir, dans certaines conditions de tempéra-
ment, la cause de grandes perturbations pour l'économie
animale ; car, lorsqu'il s'agit de l'action permanente des
ingesta sur nos organes, il n'y a plus d'*infiniment petits*.
Quelques atômes de plus, quelques atômes de moins,
suffisent pour modifier profondément les caractères physiques et le mode d'action de certaines substances : en-
levez au sirop de sucre une quantité presque inappréciable
d'oxygène, vous n'aurez plus qu'une matière gommeuse
à peu près insipide.

Pommes de terre. — Ma moyenne des matières utiles
contenues dans les pommes de terre a été déduite d'expériences faites de la mi-novembre au commencement
de févrie (2). Dès la fin de janvier, et quelquefois plus
tôt, le travail de la germination se manifeste dans ces
tubercules, quelques précautions qu'on ait prises pour
empêcher le développement précoce de ce phénomène.

(1) Le maïs est originaire du Pérou. C'est surtout dans les contrées
situées au voisinage de l'Equateur que cette céréale atteint son plus
grand développement et toute sa perfection.

(2) Au nombre des principes qui constituent la matière extractive de
la pomme de terre, on ne saurait mentionner ni le sucre, ni la gomme:
ces substances y figurent en si petite quantité que tous les chimistes que
j'ai consultés en nient l'existence ou n'en parlent pas. Cependant, en
1819, un pharmacien de Genève, M. Peschier, prétendit « avoir retiré
« de la farine de pommes de terre, obtenue, par le moyen de la râpe,

En mars, de grandes modifications se font déjà remarquer dans les principes constituans de cet excellent végétal. La proportion de la matière extractive ne change pas sensiblement; mais celle du parenchyme et de l'amidon surtout diminue, tandis que la proportion de l'eau de végétation, malgré l'évaporation qu'elle a dû subir, paraît avoir augmenté; on dirait que la liquéfaction d'une partie de la fécule et de la matière fibreuse soit nécessaire au développement et à la nourriture des germes du tubercule. C'est à cette époque aussi que la saveur vireuse de la pomme de terre s'exalte au plus haut degré et devient même quelquefois assez acerbe pour rendre ce végétal immangeable, même lorsqu'il est cuit. Chimiquement il ne serait pas facile d'expliquer l'augmentation, quelque peu sensible qu'elle fût, des principes extractifs où la matière albuminoïde figure pour environ 27 $p. ^o/_o$.

D'après plusieurs expériences que j'ai faites, de la mi-février à la fin de mars, j'ai constaté, en moyenne, une diminution de 5,25 p. $^o/_o$ dans les produits solides comestibles de la pomme de terre; mais si l'on tient compte de l'extrait comme substance comestible, les matières solides obtenues ne sont plus que de 3 $p. ^o/_o$ inférieures en poids à celles qu'on trouve dans ces tubercules à une époque antérieure au mois de février. — Les pommes de terre en pleine germination donnent une fécule

« d'un séjour de deux à trois heures dans l'eau, puis exprimée et
« desséchée, 65 *grains* de principe sucré et 220 *grains* de principe
« gommeux sec et transparent (par livre de farine employée). » Comparée au poids brut des tubercules, cette proportion équivaudrait à 1/600 pour le sucre et à 1/42 environ pour la gomme. (Voy. Journal de pharm., tom. V.)

moins abondante, moins blanche, moins douce au toucher, et composée de molécules moins fines que celles qui constituent cette substance avant le développement des germes. Des tubercules provenant de la même souche m'ont fourni, six jours après leur récolte (17 septembre 1844), 12 1/2 *p.* % de fécule, tandis que neuf mois plus tard (9 juin 1845), ceux que j'avais pu préserver de la pourriture, mais qui étaient actuellement envahis par le travail de la germination, ne m'ont plus donné que 9 *p.* % de produit féculent. — Cette disparition de 3 1/2 *p.* % de matière amilacée dans les pommes de terre germées est une nouvelle preuve de la nécessité de dessécher le plus tôt possible celles qui seraient destinées à être converties en farine et en semoule; puisque, même dans le cas où ces tubercules résistent à la décomposition septique, ils éprouvent, trois ou quatre mois après leur récolte, pour peu que la température se maintienne au-dessus de *dix degrés centigrades*, un mouvement moléculaire qui a pour conséquence une profonde altération des principes qui constituent leur substance propre. — Du reste, à quelque époque que ce soit, la fécule n'est pas également répartie dans les loges fibreuses de ce végétal. Lorsque l'on coupe une pomme de terre en deux parties égales dans le sens de son petit diamètre, et qu'on en examine la section, on y distingue trois couches concentriques qui ne paraissent pas complètement homogènes : la partie centrale ou médullaire est toujours la plus aqueuse; c'est dans la zône circulaire qui lui succède que la fécule se rencontre le plus abondamment, et la proportion en est plus forte dans la portion du tubercule à laquelle tient le filet ou la queue, que dans celle appelée tête et attachée à la plante. La

couche externe ou corticale, recouverte par la peau ou
pellicule épidermique, est plus riche en principes extractifs, mais elle contient moins de matière amilacée
que la couche intermédiaire : cette dernière particularité
ne souffre jamais d'exceptions, ainsi que chacun pourra
s'en assurer, d'abord par le simple examen des tubercules, divisés tout chauds, après leur coction dans l'eau
ou à la vapeur; puis en goûtant alternativement la substance qui constitue chacune des couches dont je viens
de parler. Il n'y a personne qui ne reconnaisse ainsi, par
la seule gustation, que la couche intermédiaire est plus
farineuse, plus délicate que les deux autres, et que la
saveur vireuse y est moins prononcée que dans la couche
corticale surtout; car c'est dans la matière extractive que
réside, au plus haut degré, le goût *sui generis* de la
pomme de terre, goût que la fécule du commerce conserve
encore assez sensiblement pour que l'usage culinaire de
cette dernière substance répugne à un assez grand nombre de consommateurs : aussi presque tous les fabricans
ont-ils renoncé à l'espoir de la substituer *lucrativement*
au tapioca et au sagou, en la convertissant en granules
plus ou moins grosses.

Il est plus difficile de faire perdre à la fécule de pommes de terre son goût vireux que d'enlever le principe
amer aux marrons d'Inde réduits en pulpe fine. — J'ai
mis à macérer, il y a quelque temps, pendant dix jours,
3o *grammes* de fécule de pommes de terre du commerce
dans 3oo *grammes* d'eau filtrée, que je renouvelais
toutes les vingt-quatre heures, en ayant soin d'y bien
délayer le dépôt féculent à chaque fois. Après avoir ainsi
lavé cette substance dans mille fois son poids d'eau, et
avoir constaté qu'au dernier lavage l'eau avait repris,

au bout de quelques heures de repos, toute sa limpidité et n'avait plus contracté de goût vireux, je croyais que la fécule était devenue complètement insipide; eh bien ! j'étais dans l'erreur; car après sa dessication à l'air libre, je reconnus qu'elle avait repris, ou conservé, à un faible degré, il est vrai, le goût particulier qui la fait distinguer si facilement des autres amidons. Elle avait perdu, par ces lavages multipliés, environ 5 $p.$ $^0/_0$ de son poids: ce déchet provenait de la dissolution des matières extractives qui étaient restées adhérentes à la fécule, malgré les premiers lavages que celle-ci avait subis en fabrique. A ce degré de pureté, et préparée en granules pour être associées au lait ou au bouillon, la fécule de pommes de terre deviendrait un aliment aussi délicat que les meilleures substances exotiques de ce genre ; mais il est probable que les consommateurs seraient obligés de la payer au moins aussi cher que le sagou.

MARRON D'INDE. — C'est sous ce nom, comme chacun le sait, qu'on désigne le fruit de *l'Esculus hippocastanum.* Cet arbre, de la famille des *malpighiacées* (1), et l'un des plus beaux qui existent, est originaire de la Haute-Asie d'où il fut importé en Europe au milieu du XVIᵉ siècle, et en France, par Bachelier, en 1615. Depuis cette époque, on l'a multiplié dans presque toutes les parties de l'Europe où il fait encore aujourd'hui le plus bel ornement des parcs, des jardins et des promenades publiques.

(1) D'après la dernière classification de de Jussieu, cet arbre appartiendrait à la famille des *érables.* Plus récemment, Guiart l'a rangé parmi les *rosacées.* D'autres botanistes l'ont mis dans une nouvelle famille naturelle, celle des *hippocastanées.*

Tous les produits du marronnier d'Inde sont caractérisés par une amertume insupportable. *Son fruit*, si semblable à la châtaigne, en apparence, a long-temps occupé l'attention des économistes. Combien de tentatives la chimie n'a-t-elle pas faites pour le rendre comestible ou propre aux applications industrielles ? — On l'a d'abord soumis à des lessives alcalines, puis à la coction, pour être employé ensuite à la nourriture des oiseaux de basse-cour. Divisé en deux et cuit, il a été donné à des bœufs dont l'engrais, selon Parmentier, a réussi au point qu'on les a vendus plus cher que les bœufs nourris à la manière ordinaire ; leur suif était solide et abondant, et le lait des vaches qui en avaient fait usage était gras et sans amertume. Il est bien probable, ajoute Parmentier, que mêlé en certaine proportion avec les fourrages ordinaires, il devienne un puissant tonique capable de préserver les bestiaux des maladies qui résultent du relâchement et de l'inertie des solides.

Quoique le cerf, la biche, le chevreuil soient très-friands du fruit du marronnier d'Inde, il ne faut pourtant pas se dissimuler que les animaux domestiques, en général, le recherchent peu, à cause de son excessive amertume et de son écorce si difficile à broyer. Si l'on en voit quelques-uns le manger volontiers, il en est un bien plus grand nombre qui ne paraissent pas s'en accommoder du tout.

On a fort préconisé le marron d'Inde séché et réduit en poudre pour en faire une colle à l'usage des tabletiers et des relieurs. — On a extrait du tannin de son péricarpe. — On a prétendu en avoir fait de la bougie dont on a beaucoup parlé dans le temps ; mais bien que la substance amère et astrictive du marron d'Inde ait la propriété de rendre le suif plus solide, soit en se combinant avec l'oléine, soit en dépouillant exactement la stéarine de cette matière huileuse, toujours est-il que ce végétal ne contient aucune substance analogue à l'adipocire, quoiqu'on y trouve une espèce de gomme-résine assez abondante, dans laquelle réside privativement le principe amer.

On a cherché à en faire de l'alcool (1); mais comme il n'existe dans ce fruit qu'une très-minime quantité de principe saccharoïde, un ancien pharmacien du Val-de-Grâce, Antoine, n'en a obtenu que de l'acide acéteux que Parmentier assure exister dans ce végétal, même avant sa fermentation, mais dont je n'ai pu constater la présence, à l'aide du papier de tournesol, dans des marrons d'Inde soumis pendant huit jours à la macération dans l'eau à une température de 12 à 14 degrés; pourtant il est certain que la matière extractive de ce fruit contient beaucoup d'acide acéteux.

On a signalé l'eau de lavage, si écumeuse, de ce fruit réduit en pulpe, comme pouvant remplacer l'eau de savon pour le blanchiment des étoffes de laine ou pour le rouissage du chanvre, ainsi que Leleuse l'avait d'abord proposé.

Mais c'est surtout comme succédanées du quinquina que certains produits du marronnier d'Inde ont été le

---

(1) Il s'agit ici de la substance entière du fruit, et non de sa fécule préalablement convertie en matière saccharoïde, puis portée à la fermentation alcoolique par la diastase. Depuis la découverte de Kirchhoff et les belles recherches de T. de Saussure, de Braconnot et de tant d'autres chimistes, on a obtenu de l'alcool de l'amidon de marron d'Inde comme de la pomme de terre.

plus expérimentés. Les auteurs qui s'en sont occupés sous ce rapport sont assez nombreux : pour n'en citer ici que quelques-uns, je nommerai le président Bon ; Pontedera, de Padoue ; le pharmacien Zanichelli, de Venise ; Leidenfrost ; Turra, de Venise ; Eberhard, de Halle ; Pfeiffer ; Buchloz ; Coste, Villemet, qui tous ont exalté les propriétés fébrifuges de l'écorce du marronnier. Il en est de même de Lacroix, médecin à La Ferté-Bernard, et de Ranque, d'Orléans, qui (le premier en 1804 et le second en 1808) assurèrent avoir guéri un assez grand nombre de fébricitans en leur faisant prendre, par jour, de 12 à 15 *grammes* de poudre d'écorce de marronnier d'Inde. Mais voici le revers de la médaille : Gasc, Bourges, Bourdier, Moghrine, Zulatti, Burtin, Moscati, disent n'avoir guéri aucun malade par ce médicament ; et, de de nos jours, un grand praticien, Bretonneau, de Tours, n'a obtenu de ses expériences multipliées aucun résultat capable de confirmer les faits annoncés par les expérimentateurs que j'ai cités en premier lieu. De plus, il résulte des recherches de Vauquelin et de celles de Henry, faites à la pharmacie centrale de Paris, que le principe amer de l'écorce du marronnier d'Inde n'est pas de la même nature que celui du quinquina ; aucun produit de cet arbre ne contiendrait, suivant MM. Pelletier et Caventou, ni *quinine*, ni *cinchonine* : ce résultat serait donc la négation absolue des assertions de Zanichelli, à l'appui desquelles pourtant on pourrait citer, outre l'opinion de Coste et de Villemet, encore celle de Sabarot, Cusson, Jungham, Desbois de Rochefort, Cullen, Hufeland, Julia de Fontenelle, etc. (1).

---

(1) J'ajouterai que F. Canzoneri, chimiste de Palerme, publia, en 1823, un mémoire fort intéressant où il cherche à établir que la sub-

Quoi qu'il en soit des vertus thérapeutiques du marronnier d'Inde et de ses fruits, on peut facilement extraire de ces derniers une des plus belles fécules connues, réunissant à tous les avantages industriels de l'amidon de blé les propriétés analeptiques des substances *amiloïdes* exotiques les plus vantées, telles que le *sagou*, *l'arrow-root* (1), *le tapioca*, que nous tirons à grands frais des Indes et d'Amérique. La fécule granulée du marron d'Inde présente, lorsqu'elle est pure et cuite, soit à l'eau, soit au lait ou dans du bouillon, le même aspect et prend le même goût que le tapioca ou le sagou dont les estomacs faibles et irritables s'accommodent si bien. J'en ai déjà fait manger à beaucoup de personnes qui toutes l'ont trouvée excellente : elle est plus moëlleuse, plus légère, et je la crois plus essentiellement nutritive que les matières féculentes exotiques auxquelles je viens de la comparer : aussi à poids égal et à chaud, absorbe-t-elle, pour prendre la même consistance, plus de lait ou de bouillon que le sagou et le tapioca (2). C'est que, soit

stance qu'il a découverte dans le marron d'Inde, substance qui se cristallise à l'état de sulfate et à laquelle il donne le nom d'*esculine*, contient les mêmes principes chimiques que la quinine. L'esculine se comporte au feu d'une manière analogue à ce dernier produit. Mais plusieurs chimistes français ont démontré que cette substance n'était qu'un extrait contenant du sulfate de chaux.

(1) L'arrow-root est de toutes les substances féculentes exotiques que je connais, celle qui paraît avoir, sous le rapport bromatologique, le plus d'analogie avec la fécule de marron d'Inde. Au reste, ces deux produits amilacés présentent absolument les mêmes caractères physiques, si ce n'est que la fécule de marron d'Inde est plus fine.

(2) Cet aliment, connu en France depuis environ trente ans, est appelé au Brésil, par les Indiens qui en font un grand usage, *tipiaca* ou *tipiocat*. C'est de la fécule de manioc séchée promptement, tout humide, dans une poêle de cuivre ou sur des plaques de fer chauffées

avec intention, soit par le mode vicieux de leur fabrication, on incorpore souvent au sagou et au tapioca une proportion plus ou moins forte de parenchyme. La présence de particules fibreuses dans ces produits amilacés peut être attribuée à l'emploi de tamis peu serrés qui, pendant le lavage de la moëlle triturée du *sagus rumphii* ou du *phœnix farinifera*, pour l'extraction du sagou ou de la racine de manioc réduite en pulpe pour la fabrication du tapioca, laissent passer des détritus parenchymateux qui ne suivraient pas la fécule si le tissu de ces tamis était plus fin. Mais si la présence de la matière fibreuse dans le sagou et le tapioca n'a d'autre effet que de diminuer un peu la propriété analeptique de ces produits féculens, il faut avouer que, pour la fécule du marron d'Inde, l'inconvénient du mélange avec le parenchyme serait bien plus grand, attendu que la matière lignoïde de ce fruit communiquerait à l'amidon un certain degré d'amertume et lui donnerait par sa coction, dans le lait surtout, un goût de savon fort désagréable : aussi, lorsqu'on veut en faire un aliment, faut-il avoir soin de dépouiller exactement la fécule de marron d'Inde de tous les principes immédiats auxquels la nature l'a associée: on y parvient très-facilement en procédant de la manière suivante :

à une température de 60 à 65 degrés centigrades. La matière amilacée désignée à la Martinique sous le nom de *moussache*, et qu'on importe en France depuis quelques années pour remplacer l'*arrow-root*, est encore de la fécule de manioc, mais séchée à l'air libre, après avoir été bien épurée; aussi, est-elle friable et pulvérulente. — Pourtant, selon M. J.-P. Ricord Madianna, D. M., le nom de *moussache* (ou dictame des Antilles) serait employé dans les colonies d'Amérique pour désigner la fécule du *maranta arundinacea* elle-même. Ce maranta fournit environ 12 p. °/₀ d'amidon.

Il faut d'abord décortiquer parfaitement les marrons d'Inde (1) et les remuer dans de l'eau fraîche pour achever de les nettoyer ; puis les réduire par la râpe en une pulpe fine qu'on lave, à grande eau, sur un tamis de crin serré, jusqu'à ce qu'elle n'émulsionne plus le liquide qu'on surajoute. Par cette simple opération, la fécule se sépare de la matière fibreuse et est entraînée par l'eau, tandis que cette dernière substance reste amassée sur le tamis. Lorsque toute la fécule s'est bien tassée au fond du vase (un peu conique) où elle a été recueillie, ce qui a lieu au bout de neuf ou dix heures, on décante l'eau qui surnage, sans la remuer, puis on délaie le dépôt dans de l'eau fraîche bien pure et l'on passe l'émulsion au travers d'un tamis de soie très-fin pour séparer complètement de l'amidon les particules ténues du parenchyme qui auraient pu traverser le premier tamis. On laisse encore reposer, mais pendant cinq ou six heures seulement ; puis, après avoir décanté, comme la première fois, l'eau qui surnage, on redélaie la fécule dans cinquante ou soixante fois son volume d'eau bien claire, pour la relaver et la rendre plus blanche. Au bout de quelques heures, toute la matière amilacée s'est de nouveau précipitée au fond du vase, et si l'eau de ce troisième lavage a repris à peu près sa transparence, on la

(1) Dans le marron, l'écorce et le zeste, y compris la presque totalité du germe qu'on est forcé d'enlever, pour que la décortication soit exacte, figurent pour environ 17 $p.$ % ; mais en opérant sur une grande quantité de fruits à la fois et sans y mettre le soin nécessaire, il faut s'attendre à un déchet plus fort ; car l'adhérence du zeste à la substance propre du fruit est quelquefois assez intime, pour qu'on soit obligé d'enlever une petite partie de cette dernière avec le zeste, à moins d'opérer lentement. Le déchet pourrait alors s'élever à près de 20 $p.$ %.

décante doucement pour recueillir le dépôt féculent qu'on met à égoutter, à l'abri de la poussière, sur du coutil blanc très-serré, tendu sur un châssis monté sur quatre pieds. Lorsque la fécule a pris un certain degré de solidité, on la divise en petits morceaux pour la faire sécher, sur des assiettes ou des planchettes bien propres, à l'étuve chauffée à 36 degrés centigrades au plus, ou au soleil, ce qui vaut mieux, mais en ayant soin, dans ce dernier cas, d'étendre dessus une grosse mousseline, afin de la garantir des petites saletés suspendues dans l'air ou soulevées par le vent et de la chiasse des mouches et autres insectes qui viendraient s'y poser. On reconnaît qu'elle est sèche lorsqu'elle est devenue très-friable et pulvérulente. La fécule ainsi obtenue peut lutter de blancheur et de finesse avec le plus bel amidon de grain, celui que les détaillans nous font rarement payer moins de 60 *cent. les* 500 *grammes.*

A la décortication près, il n'est donc pas plus difficile d'extraire la fécule du marron d'Inde que de la pomme de terre. S'il y a une augmentation de main d'œuvre, elle est largement compensée par la quantité, et surtout par la qualité du produit. Dans une exploitation en grand, je ne pense pas que l'hectolitre de marrons d'Inde revienne plus cher que l'hectolitre de pommes de terre; et il est plus que probable que si la fabrication de cette fécule se généralisait l'industrie aurait bientôt trouvé le moyen de décortiquer aussi facilement les fruits du marronnier qu'elle décortique maintenant les graines des légumineuses.

Il résulte des analyses multipliées que j'ai faites depuis deux ans, que mille grammes de marrons d'Inde récens contiennent, terme moyen:

1° Fécule très-pure . . . . 171 gr. 85
2° Matière fibreuse 129   65
3° Matière extractive amère 180
4° Matière albuminoïde.   15
5° Eau de végétation 343
6° Écorce et zeste 160   50

Total égal au poids des marrons employés 1,000 gram.

En comparant l'analyse du marron d'Inde à celle de la pomme de terre (*voyez le tableau synoptique placé à la fin de ce travail*), on voit que le premier végétal, malgré l'épaisseur de ses enveloppes (1) et l'énorme proportion de ses principes extractifs (2), produit 7,04 p. % de matières utiles de plus que la pomme de terre. Il est vrai que, dans le tubercule, les principes solubles peuvent, malgré leur goût vireux (qui disparaît d'ailleurs en partie par la cuisson), rester associés, sans grand inconvénient, à la fécule et au parenchyme. En tenant compte de cette augmentation des produits comestibles fournis par la pomme de terre, on reconnaît que le marron d'Inde l'emporte encore sur cette dernière de 4,04 p. % en substances utiles ou applicables à la nourriture de l'homme et des animaux. Il résulte encore

(1) Comme la châtaigne, le marron d'Inde est (abstraction faite du péricarpe) recouvert de deux enveloppes : d'une écorce d'un tissu très-serré et d'un zeste sous-jacent qui y adhère. Cette seconde enveloppe ne se détache pas toujours facilement des cotylédons en dehors desquels s'épanouit la *gemmule* : celle-ci est entièrement engaînée dans une duplicature du zeste, si bien qu'il est impossible de peler exactement un marron d'Inde frais sans en enlever tout le germe. L'écorce s'amincit et se soulève en écaille dans cette partie du fruit, au moment de la germination, pour livrer passage à la radicule et à la plumule.

(2) Le marron d'Inde contient 16,50 p. % de matière extractive de plus que la pomme de terre.

de la comparaison des deux analyses que le fruit du marronnier contient une proportion de fécule au moins de 2,25 *p.* % plus forte que celle qui existe dans les bonnes pommes de terre.

Mais si, au lieu de comparer les marrons d'Inde aux pommes de terre, à l'état brut, on établit le parallèle entre ces deux végétaux dépouillés de leur écorce, on trouvera que les produits utiles provenant du fruit du marronnier sont relativement bien plus forts que ceux fournis par le tubercule. En effet, *mille grammes* de marrons d'Inde récens non pelés ne représentent (*voyez le tableau synopt.*) que 839 *grammes* 5o *centigr.* de fruits décortiqués : or, ces 839 *grammes* 5o *centigr.* donnent 3o1 *grammes* 5o *centigr.* de matières utiles, ou 35,91 *p.* %. De leur côté, *mille grammes* de pommes de terre non pelées représentent 985 *grammes* de tubercules dépouillés de leur pellicule, et ces 985 grammes ne fournissent que 252 *grammes* de matières utiles, ou 25,68 *p.* %. Il s'ensuit donc, abstraction faite de l'écorce dans l'un et l'autre végétal, que le marron d'Inde contient 10,23 *p.* % de matières solides utiles de plus que la pomme de terre. En appliquant ce mode de calcul au rendement en fécule, on reconnaîtra que *mille grammes* de marrons d'Inde décortiqués fournissent un peu plus de 2o4 *grammes* de cette substance, tandis que *mille grammes* de pommes de terre pelées n'en produisent que 15o *grammes* environ, ou 5,4 *p.* % de moins que le premier végétal. Cette différence de près de 5 1/2 *p.* % en faveur des marrons d'Inde est assez notable pour que, dans une grande exploitation, elle doive être prise en haute considération, surtout si, comme l'expérience le démontrera, je n'en doute pas, les fruits décortiqués du marronnier ne coûtent pas plus cher que les pommes de terre.

Mais je suppose qu'en raison de l'augmentation de main-d'œuvre, occasionnée par la décortication des marrons d'Inde, le prix du produit féculent qu'on obtiendra de ces fruits revienne au double de celui de la fécule de pommes de terre prise en fabrique; eh bien! dans ce cas, si peu vraisemblable, les fabricans pourraient encore livrer, en vrac, au commerce, la matière amilacée du marron d'Inde à 44 *ou* 5o *fr.* au plus les cent kilogr. (22 ou 25 cent. les 5oo grammes), c'est-à-dire plus de 100 *p.* % moins cher que l'amidon de blé pris chez les détaillans, amidon qu'on paie ordinairement, ainsi que je l'ai déjà fait remarquer plus haut, 6o *centimes les cinq cents grammes*, lorsqu'il est de belle qualité. Il n'est pas douteux que les marchands qui achèteraient en gros la fécule de marron d'Inde, de 44 *à* 5o *fr. les cent kil.*, pourraient la revendre au détail moins cher que l'amidon de blé, en y faisant encore un *joli* bénéfice : à 35 *ou* 4o *cent. les* 5oo *grammes*, ils y gagneraient autant que sur le bel amidon du commerce, puisque cette dernière substance leur coûte, en fabrique, de 9o *à* 100 *fr. les cent kil.* — J'ai, du reste, la persuasion qu'une fois que la grande industrie se sera emparée de la fabrication de la fécule de marron d'Inde, ce produit pourra être livré au commerce, avec profit pour le fabricant, à un prix fort peu au-dessus de celui de la fécule de pommes de terre, surtout si l'on multiplie, comme il y a lieu de le supposer, les plantations de marronniers d'Inde et qu'on cultive ce bel arbre dans le but de lui faire produire le plus de fruits possibles (1).

(1) Il paraît que les marrons d'Inde peuvent quelquefois être exposés aux plus rudes intempéries, sans éprouver d'altération sensible : j'ai

Que sera-ce maintenant si je compare le prix de détail, probable, de la fécule de marron d'Inde à celui *du sagou, du tapioca et de l'arrow-root ?* Il me suffira de signaler les prix les plus ordinaires de ces produits exotiques pour que chacun reconnaisse avec moi la notable économie domestique qu'il y aurait à substituer l'usage de la fécule de marron d'Inde à celui des substances presque identiques que je viens de nommer. J'ai souvent acheté en demi-gros, chez un des commerçans les plus

ramassé dans un jardin à la fin de février (1845), une douzaine de ces fruits qui avaient résisté aux fortes gelées de ce dernier hiver si long et si rigoureux : ils avaient subi durant cinq mois l'action dissolvante presque continue de l'humidité et, à plusieurs reprises, pendant sept à huit jours consécutifs, celle d'un froid assez intense pour maintenir le thermomètre centigrade à 8 et 14 degrés au-dessous de zéro. Eh bien ! malgré ces vicissitudes atmosphériques qui eussent détruit ou désorganisé tout végétal (racines, fruits, grains, légumes, etc.) placé dans les mêmes conditions, sept des douze marrons d'Inde dont je viens de parler étaient dans un parfait état de conservation et paraissaient presque aussi frais que s'ils eussent été cueillis de la veille. Deux de ces derniers avaient conservé leur faculté germinative, si bien que, dès le mois de mars, quoique la température fût peu élevée encore, leur plumule souleva l'écorce qui la garantissait pour s'épanouir et se développer en dehors des cotylédons.

Les marrons d'Inde que j'avais mis dans un grenier, à l'abri de l'humidité et de la gelée, se sont en partie détériorés ou desséchés : ceux qui n'étaient point gâtés avaient pris en se desséchant un certain degré de rancidité : néanmoins, après les avoir décortiqués et mis à tremper pendant 48 heures dans de l'eau froide, pour les attendrir et pouvoir les râper facilement, j'en ai extrait une assez belle fécule, mais moins blanche, pourtant, que celle fournie par les marrons d'Inde récens. — Pour obtenir des produits qui ne laissent rien à désirer, il faut, autant que possible, procéder à l'extraction de cette fécule dans les trois mois qui suivent la récolte des fruits du marronnier. Mais, dans tous les cas, ces derniers se conserveront en nature, incomparablement mieux et plus long-temps que les pommes de terre.

consciencieux de Paris (1), d'excellent sagou gris à 1 *fr.* 8o *cent.*, et de fort beau tapioca à 2 fr. 20 *cent.* le kil.; mais chez les épiciers et les pharmaciens, j'ai toujours payé ces matières féculentes bien plus cher: les détaillans vendent en général le sagou de 2 *fr.* 5o *cent.* à 3 *fr.*, le tapioca de 3 *fr.* à 3 *fr.* 5o *cent.*, et l'arrow-root de 4 à 5 *fr.* le kil.

Il n'y a pas de maîtresse de maison, du reste, qui ne puisse, tous les ans, dans les localités où les marrons d'Inde abondent, faire préparer par sa cuisinière, aidée d'une journalière, sa provision de fécule : deux ou trois petites râpes en fer blanc, deux tamis, trois ou quatre baquets en sapin, un mètre de coutil tendu sur un châssis (le tout pouvant coûter une vingtaine de francs) composent les ustensiles nécessaires à ce genre de fabrication. Les bonnes ménagères se procureraient ainsi, à peu de frais, une substance de facile conservation (2), pouvant remplacer à la fois et l'amidon qu'elles achètent assez cher, et des matières féculacées exotiques, excellentes d'ailleurs, mais dont la consommation ne se généralise pas à cause de leur prix élevé.

(1) M. E. Dubail, pharmacien-droguiste, rue St-Denis, n° 75.

(2) Le sagou, le tapioca, l'arow-root, le salep, la fécule de pomme de terre, peuvent, sans inconvénient, être renfermés dans des vases bouchés hermétiquement; tandis que les fécules des céréales, du froment surtout, celles de châtaigne, de marron d'Inde, y deviennent rances : ces dernières doivent être conservées dans des sacs de papier ou dans des boîtes, à peine closes, et placées dans un lieu sec et à l'abri de la poussière, des blattes et des mites. Cette rancidité que contractent, à vases hermétiquement clos, des substances qui s'en trouvent préservées en restant au contact de l'air, me paraît être un phénomène fort étrange et dont je ne chercherai pas à donner ici l'explication. Il suffit qu'on sache que les fécules qui ont subi ce genre d'altération redeviennent complètement insipides par des lavages multipliés à grande eau.

La fécule de marron d'Inde s'associe fort bien au bouillon et au lait, avec lesquels elle forme, à la dose de 55 à 60 grammes par litre de véhicule, d'excellens potages d'une consistance convenable. Pour que cette fécule se maintienne en grumeaux, comme le sagou et le tapioca, il faut l'introduire à l'état sec, et grossièrement égrugée, dans le liquide bouillant qu'on a soin de remuer au fur et à mesure qu'on y incorpore la matière féculente. On reconnaît que la coction en est parfaite lorsque tous les petits grumeaux, d'opaques qu'ils étaient d'abord, sont devenus transparens, ce qui a lieu au bout de 25 à 30 *minutes* d'ébullition.

Finement tamisée et mêlée à quantité égale de sucre en poudre et d'œufs séparés de leurs blancs battus en neige, on obtient de cette fécule un mets délicieux, qui équivaut au meilleur biscuit de Savoie.

Il y a quelque soixante-cinq ans, le prince Ferdinand de Prusse adressait à Parmentier la recette d'un gâteau de marrons d'Inde exécuté à Berlin sous les yeux de son Altesse Royale, et qui fut trouvé fort délicat.—Du beurre, du sucre, des œufs, de l'écorce de citron et de la levure de bière, le tout mêlé exactement à de la fécule de marron d'Inde, tels étaient les élémens qui constituaient ce gâteau de haute origine.

Parmentier assure avoir fabriqué d'excellent pain avec partie égale de pommes de terre cuites réduites en pulpe et de fécule de marron d'Inde, associées à suffisante quantité d'eau chaude et de levain de froment. Cette espèce de pain, naturellement fade, doit être relevée par un peu plus de sel qu'on n'en met d'ordinaire dans cet aliment.

Je voudrais que tout l'amidon employé dans l'industrie

fût un jour fourni par le fruit du marronnier d'Inde.
Pourquoi extraire la matière amilacée de végétaux dont
toute la substance peut économiquement servir à la
nourriture de l'homme et des animaux domestiques?
N'est-ce pas gaspiller comme à plaisir les élémens nutritifs dont la nature nous a gratifiés ?... Je l'ai déjà dit :
la fécule de marron d'Inde peut remplacer l'amidon de
blé dans toutes les applications que les arts et l'industrie
peuvent en faire : commme substance analeptique, elle
peut être substituée sans désavantage à toutes les matières analogues, granulées ou en poudre ; son extraction, il me semble l'avoir suffisamment démontré, n'est
pas plus difficile que celle de la fécule de pommes de
terre et ne présente aucun des graves inconvéniens qui
résultent des procédés usités dans les amidonneries dont
le voisinage est si insalubre. — D'ailleurs, et je ne saurais trop y insister, le froment devrait être employé
uniquement à la fabrication du pain (1) : c'est le végétal
sans lequel une bonne panification est impossible ; c'est
dans ce grain seul que réside ce principe immédiat, ductile et élastique (2), qui produit la véritable fermentation et la *spongiosité* panaires. Quoi qu'on en dise, il
n'y en a aucune trace dans le seigle ; l'orge en contient
une si minime quantité (environ 1/100 de son poids),
qu'il serait presque dérisoire d'en tenir compte pour la
fabrication du pain. Les farines qui proviennent de ces
deux dernières graminées, celles de millet, de maïs,

(1) Soit pour l'homme avec les farines blanches et bises-blanches ;
soit pour les animaux avec les farines bises et les issues de blé.

(2) Il y en a dans la farine d'épeautre, selon Vogel, environ 22 p. %
à *l'état humide* ; mais l'épeautre est un véritable froment, si ce n'est
que la glume est adhérente au grain ; c'est le *triticum spelta* de Linnée.

d'avoine, de sarrasin, de châtaignes, des légumineuses surtout, sont impropres à une bonne panification; toutes ces substances farinifères, j'en excepte pourtant le seigle et, jusqu'à un certain point, l'orge, devraient être exclues de tout mélange avec le froment; il ne faudrait pas que la farine de seigle elle-même entrât pour plus de moitié dans la fabrication du pain de nos pauvres laboureurs; car cette farine contient une si grande quantité d'extrait mucilagineux que le pain où elle figure en plus forte proportion en devient visqueux et indigeste. Toutes les fois donc qu'il s'agira de la fabrication d'un pain économique, on devra préférer, pour l'associer au froment, dans ce but, la farine de pommes de terre cuites (j'y reviens à dessein) à tous les autres mélanges *fariniformes* dont l'usage ne se perpétue tel quel parmi les paysans que par suite d'une routine absurde, ou par une dure nécessité. En effet, comment veut-on qu'avec le mélange qu'ils ont presque généralement adopté (et dont j'ai déjà démontré toute l'infériorité en le comparant à la farine de pommes de terre cuites), nos cultivateurs puissent confectionner un pain digne de porter ce nom, à moins que ce ne soit par dérision? — Cette masse compacte, quelquefois visqueuse, toujours acide qu'ils fabriquent avec leur farine grossière d'orge et de maïs, doit résister en partie à l'action, si dissolvante pourtant, du suc gastrique et produire un chyle peu réparateur. Il faut certes un besoin bien impérieux de manger, et la certitude de ne pouvoir le satisfaire autrement, pour se décider à *s'ingérer* un aliment d'une aussi triste nature.— Et pourtant c'est de ce pain, si rarement associé à un peu de viande, que vivent la plupart de nos paysans. Comment s'étonner dès-lors de l'abâtardissement qui se manifeste, d'année en année, dans la taille et le développement musculaire de nos conscrits? car ce sont les laboureurs qui fournissent à l'armée le contingent le plus nombreux (1). — Je laisse aux hommes compétens, qui s'occupent avec tant de zèle de l'amélioration du sort du peuple, le soin de résoudre certain problème de bromatologie dont la solution jetterait un nouveau jour sur la physiologie de la digestion: ils expliqueront par quel phénomène encore peu connu de chymification des hommes voués aux pénibles labeurs des champs peuvent trouver, dans une combinaison *indigeste* de substances purement végétales et où l'azote figure souvent *à l'état de traces*, tous les matériaux nécessaires à la réparation des forces vitales dont ils font chaque jour une si notable dépense.

(1) Il faut avouer, toutefois, que cette année (1845), dans le département de l'Ain, les sujets atteints par la conscription ont présenté une légère augmentation de stature sur les conscrits des années précédentes: mais cette particularité ne doit rien faire préjuger pour l'avenir; dans d'autres départemens, elle a été remarquée quelquefois, et pourtant, compensation faite des variations en plus et en moins, il en est résulté presque par toute la France une moyenne décennale, toujours décroissante par degrés assez sensibles, pour que la taille moyenne actuelle de nos soldats, comparée à celle d'il y a cinquante à soixante ans, présente une différence en moins de quelques centimètres. Faut-il conclure de là qu'anciennement nos laboureurs se nourrissaient mieux qu'aujourd'hui? Je ne sais; mais toujours est-il que depuis le commencement de ce siècle l'autorité militaire a été obligée d'avoir recours à l'abaissement du *minimum* de la taille qu'il fallait pour être soldat, afin d'atteindre le nombre de conscrits nécessaire à l'entretien de l'armée, et que, si une nourriture insuffisante ou malsaine n'est pas l'unique cause de l'abâtardissement physique des hommes nombreux voués aux travaux agricoles, on ne saurait du moins contester qu'elle entre pour quelque chose dans la production de ce phénomène déplorable auquel, dit-on, la *vaccine* pourrait bien aussi n'être pas complètement étrangère comme cause concomitante.

S'il est vrai, comme l'assurent de savans iatrochimistes contemporains, que deux ordres de substances alibiles sont indispensablement nécessaires à l'entretien durable de la vie chez l'homme ; que les matières animales ou azotées seules satisfont aux besoins de l'assimilation, tandis que les produits végétaux, les corps gras, les boissons fermentées ou alcooliques ne peuvent servir qu'à alimenter la combustion pulmonaire, ces savans doivent être fort embarrassés d'expliquer comment la constitution de nos paysans, qui se nourrissent presque uniquement de substances non azotées, peut résister si long-temps, malgré des fatigues de corps à peu près journalières, à l'insuffisance d'une alimentation dont, physiologiquement, *l'inanitiation* et bientôt la mort devraient être la conséquence (1)? En vain objecteront-ils que la matière caséeuse ou le peu de lait que les laboureurs associent souvent à leur détestable pain ou à leur bouillie contient assez d'azote pour subvenir à toutes les exigences d'une nutrition complète, puisque plusieurs de ces savans eux-mêmes, et nommément MM. Dumas et Cahours, ont démontré chimiquement que l'adulte, d'une constitution ordinaire, perd chaque jour, à l'état normal, par les urines seulement, de 16 à 21 *grammes* d'azote (2), c'est-à-dire trois ou quatre fois autant qu'il

(1) Et cependant, pour ne tirer, en presque totalité, leur subsistance que du règne végétal, nos paysans n'en vivent pas moins (et souvent même fort vieux). Ils vivent, c'est plus que vrai, mais misérablement et moins bien, comparativement à la différence des organisations, que leurs bêtes de somme...

(2) M. Gannal s'est assuré qu'une vache rend journellement par le lait, l'urine et les déjections alvines, dix fois plus d'azote que n'en contiennent les substances végétales qui ont servi à sa nourriture pendant les 24 heures, et sans tenir compte encore de la quantité de ce gaz qui s'exhale par la transpiration cutanée et pulmonaire.

s'en trouve dans le *caséum* que peuvent consommer journellement la plupart des paysans... Le régime alimentaire de nos cultivateurs ne laisse donc pas d'ébranler *singulièrement* l'ingénieuse théorie de MM. Dumas, Boussingault, Liébig, etc., sur la destination physiologique des substances que l'homme est obligé de *s'ingérer* pour se nourrir complètement (1).

(1) Ces habiles chimistes divisent les matières alimentaires en deux catégories bien distinctes : ils considèrent les unes comme simples combustibles (alimens de la respiration), et les autres comme pouvant seuls être assimilés (alimens de la nutrition ou plastiques). Dans la première catégorie, ils rangent les matières végétales ou animales non azotées, tels que le sucre, la gomme, ou mucilage, la *fécule*, la graisse, le beurre, la bière, le vin, etc.; dans la seconde, ils placent les matières azotées animales ou végétales, tels que les œufs, les viandes, le poisson, le caséum, le gluten, etc. Si je ne craignais de tomber ici dans une trop longue digression, je chercherais à démontrer combien les idées de ces savans chimistes, sur le rôle exclusif que joue la matière amiloïde dans l'économie animale, sont peu fondées, malgré la théorie spécieuse qu'ils ont imaginée pour les appuyer. — Comment peuvent-ils soutenir que la fécule, par exemple, ce principe végétal qui forme presqu'à lui seul la base de l'alimentation du genre humain et d'un grand nombre d'animaux, soit impropre à la sanguification, à la réparation *intersticielle*, à une nutrition complète enfin, lorsque l'histoire bromatologique des peuples nous apprend, au contraire, que les végétaux féculens servent exclusivement de nourriture, dans beaucoup de contrées, à des anachorètes, à des sectes religieuses, à des tribus tout entières, sans compromettre ni la vie, ni la santé des individus ? Tout à l'heure, ne citais-je pas aussi l'exemple de nos paysans dont l'existence n'est guère entretenue, malgré une grande dépense quotidienne de force musculaire, que par des matières alimentaires où l'azote, certes, figure dans une proportion bien inférieure à celle *fixée* par nos grands iatrochimistes pour l'accomplissement d'une nutrition durable ? — Il est dans l'organisme vivant des mystères qu'il ne sera jamais donné à personne d'expliquer : quelque ingénieuse, quelque brillante que soit une théorie, elle doit se taire en présence de faits nombreux, irréfragables, qui en démontrent l'*inanité*.

Mais revenons aux marrons d'Inde.

Je crois avoir démontré par des chiffres dont chacun pourra apprécier l'exactitude, les avantages économiques du produit féculent du fruit du marronnier d'Inde, considéré, soit comme aliment, soit comme substance propre à remplacer l'amidon de blé dans toutes ses applications industrielles. Maintenant je vais donner succinctement, sous forme de notes purement additionnelles, les résultats de quelques recherches faites en vue de déterminer la nature et la proportion du principe qui rend le marron d'Inde si acerbe et surtout si amer.

Note première. — C'est dans les matières extractives solubles de ce fruit que réside exclusivement l'amertume qui le caractérise à un si haut degré; cette amertume est telle qu'il suffit de 75 *centigrammes* de poudre très-ténue de marrons d'Inde secs décortiqués mêlés exactement à 5oo *gram.* de farine pour donner à celle-ci un goût amer assez prononcé. — J'ai mis à macérer pendant cinq jours, dans une fiole bien bouchée, sous une température variant de 11 à 14 degrés centigrades, *deux grammes* de cette poudre dans 14 *grammes* d'alcool à 33° de l'aréomètre de Baumé, en ayant soin d'agiter la fiole de

Au reste, la plupart des physiologistes et des chimistes contemporains qui ont fait des recherches sur les phénomènes de la digestion et de la nutrition, se contredisent sur beaucoup de points et sont loin d'avoir entièrement adopté les idées de MM. Dumas, Boussingault et Liebig sur le rôle distinct et exclusif que jouent dans l'économie animale les substances neutres-azotées d'une part, et, de l'autre, celles qui ne sont constituées que par l'oxigène, l'hydrogène et le carbone diversement combinés. — Il faut convenir, pourtant, que si la théorie de ces savans chimistes ne répond pas à toutes les objections, elle donne, néanmoins, de la manière la plus ingénieuse, l'explication de bien des phénomènes *chimico-physiologiques*, plongés avant eux dans l'obscurité la plus profonde.

temps à autre; après ce laps de temps la liqueur a été filtrée, sans expression, puis évaporée au bain-marie : j'en ai obtenu o *gr.* 325 d'extrait jaune-fauve, ayant la consistance et l'aspect de certaines gommes-résines. Ce produit, doué d'une amertume presque aussi énergique que celle de la quinine pure, se ramollit lorsqu'on l'expose soit à la chaleur, soit à l'humidité ; il se dissout bien dans l'eau froide, et encore plus promptement dans l'eau bouillante. L'eau dans laquelle on en a fait fondre *un trois centième* de son poids prend une grande amertume mêlée d'âpreté, rappelant assez la saveur du marron d'Inde, et laissant à la bouche un arrière-goût empyreumatique dont on conserve l'impression au voile du palais pendant vingt à vingt-cinq minutes. Cette sensation se transforme peu à peu en une saveur douce-amère qui disparaît au bout d'une heure, mais pour se réveiller, en quelque sorte, lorsqu'on cherche à se la rappeler, même encore une heure après. Quelques centigrammes de cet extrait, déposés purs au bout de la langue, y développent une saveur chaude excessivement amère qui s'empare de toute la bouche et s'étend jusqu'au gosier, où l'on en conserve l'impression pendant plus de cinq quarts d'heure.

Le résidu resté sur le filtre fut soumis à une macération de 48 heures dans 80 *fois* son poids d'eau de fontaine froide (10° c.). Cette eau, préalablement filtrée, puis évaporée au *bain-marie*, me fournit 25 *centigr.* de matière solide *albumino-mucilagineuse*, d'une couleur jaune-serin et presque entièrement privée d'amertume. La saveur de cette substance rappelle un peu celle de la châtaigne ; elle est aussi hygrométrique que l'extrait alcoolique ; mais au lieu de se ramollir comme ce dernier lorsqu'on l'expose à un courant d'air chaud, elle se dessèche et devient friable pour se ramollir de nouveau, si on la laisse se refroidir à l'air libre. — Le résidu aqueux resté, en définitive, sur le filtre pesait à l'état sec, 1 *gramme*, 425; c'était une poudre composée d'amidon et de matière fibreuse et sans aucune amertume.

Il résulte de cette première expérience que le marron d'Inde écorcé et privé, par dessication, de toute son eau de végétation, contient 28, 75 p. %, de matières solubles, où figure, dans la proportion de 57 p. %, une gomme-résine d'une nature particulière dans laquelle réside privativement le principe amer.

Note deuxième. — Des marrons d'Inde, préalablement écorcés et émincés, pesant, après leur dessication à l'étuve, 50 *grammes*, furent soumis dans 4 *kilogrammes* d'eau de fontaine froide (10.° c.), à une macération de quatre jours: au bout de ce temps, le liquide avait contracté une grande amertume et pris une teinte jaune citron: évaporé au bain-marie, après avoir été filtré, il laissa un produit solide du poids de 7 *grammes*, d'un jaune fauve et possédant une amertume presque aussi forte que celle de l'extrait obtenu par l'alcool. — Le résidu, traité de nouveau par 250 *grammes* d'eau où il resta en macération pendant trois jours, communiqua encore à ce liquide une amertume très-prononcée et le colora en jaune citron d'une teinte moins foncée que la première fois, mais un peu louche. J'attribuai cette dernière particularité à un commencement de fermentation putride (sans acescence appréciable au papier de tournesol), reconnaissable, du reste, à l'odeur de fleurs de châtaignier qu'avait prise l'eau de macération. Lorsque

cette odeur *sui generis* se manifeste dans le marron
d'Inde, c'est un indice certain que la petite quantité de
matière animale qu'on y trouve passe à l'état septique.

J'obtins de ces 250 grammes d'eau légèrement fétide,
préalablement filtrée, 35 *centigrammes* d'extrait solide
couleur jaune de cire, d'une amertume assez franche et
laissant à la bouche, long-temps après qu'on en a mis
trois ou quatre centigrammes au bout de la langue, une
saveur douce-amère ayant quelque analogie avec celle
de la réglisse. Après sa dessication à l'étuve, le résidu
recueilli sur le filtre me parut tout aussi amer qu'avant
cette macération de sept jours dans quatre-vingt-cinq
fois son poids d'eau : il avait pourtant perdu 7 *grammes*
35 *centigrammes* de matières solubles; c'est-à-dire un
peu plus des deux cinquièmes de la substance complexe
où réside privativement le principe amer. Quant aux
trois autres cinquièmes, ils étaient restés associés au
parenchyme; car il paraît que l'eau n'a pu exercer son
action dissolvante que sur les parties les plus superfi-
cielles des petites tranches de marrons d'Inde en expérience, le parenchyme de ce fruit étant si serré
qu'il ne se laisse pas facilement pénétrer, même par
l'alcool. Pour que l'eau puisse dissoudre toute la matière
extractive des marrons d'Inde desséchés, il faut absolument les réduire en poudre, ou, s'ils sont récens, les
convertir en pulpe fine, à l'aide d'une râpe, ainsi que je
l'ai indiqué pour l'extraction de la fécule; puis, les soumettre, dans cet état, à des lavages multipliés à grande
eau. — Du reste, la matière parenchymateuse de ce fruit
est si riche en potasse qu'elle en conserve une quantité
pondérable, même après avoir été lavée assez exactement pour perdre toute son amertume. Si alors on la fait

sécher à l'étuve ou au four à une température dépassant 35 *degrés centigrades*, elle prend un léger goût d'huile rance, qui devient encore plus sensible si la dessication est poussée jusqu'à un commencement de torréfaction.

Après l'extraction de la fécule, si l'on veut conserver le parenchyme (qui contient encore près de 3 p. %, de matière amilacée), pour l'employer, comme fourrage, à la nourriture des bestiaux, il faut le soumettre à une pression énergique pour en éliminer le plus d'eau possible et en faciliter le dessèchement, soit en plein air et au soleil, si le temps le permet, soit en l'étendant en conches minces, sur des planches disposées dans un lieu bien aéré et à l'abri de l'humidité. Cette dessication s'opère alors très-promptement. La matière fibreuse du marron d'Inde peut être, ainsi, donnée crue ou cuite, seule ou associée au son, ou à l'avoine, ou à la pulpe de pommes de terre cuites, ayant acquis un léger degré d'acescence. Ceux qui engraissent des bœufs, des porcs avec les résidus provenant des distilleries de pommes de terre, ont reconnu, par des expériences comparatives, que les tubercules cuits, qui ont légèrement fermenté, nourrissent mieux ces animaux, à poids égal, que la même substance qui n'a point subi cette modification.

Note troisième. — *Quatre grammes* de poudre de marrons d'Inde, mis à macérer dans 600 *grammes* d'eau de fontaine (1), à une température variant de 10 à 14 degrés, communiquèrent à ce liquide, au bout de 4 jours, outre une insupportable amertume, une légère odeur fétide (sans réaction acide appréciable au papier de

(1) Dans toutes ces expériences, j'ai eu soin de faire bouillir l'eau préalablement, pour en précipiter la plus grande partie du carbonate calcaire, tenue en dissolution et dont la quantité, du reste, était à peu près insignifiante.

tournesol). L'eau de macération, passée au filtre, était presque incolore; après avoir été exposée, pendant quelques minutes dans une étuve chauffée à 80 *degrés centigrades*. Elle prit une teinte citrine, qui devint de plus en plus foncée par les progrès de l'évaporation (1). J'obtins de ces 4 grammes de poudre de marrons d'Inde, traités par 600 grammes d'eau, *un gramme dix centi-grammes* d'extrait sec absorbant promptement l'humidité de l'air et se ramollissant à la plus douce chaleur. Comme l'extrait alcoolique, il est doué d'une excessive amertume qui impressionne vivement toutes les papilles nerveuses de la langue et du palais, et à laquelle suc-cède insensiblement cette saveur douce-amère dont j'ai déjà parlé, qui persiste souvent pendant plus d'une heure.

Le résidu, mis à infuser pendant vingt-quatre heures dans 1,200 *grammes* de nouvelle eau, rendit encore ce liquide fort amer. Ce n'est qu'après une troisième macéra-tion, et cette fois dans 2,400 *grammes* d'eau (toujours à la même température), que ce résidu devint complétement insipide. — A l'état sec, il ne pesa plus que 2 *grammes* 25 *centigr.*, ayant perdu, par cette macération et ce la-vage dans 875 *fois* son poids (primitif) d'eau, 1 *gramme* 75 *centigr.* de matières solubles sèches, représentant 43,75 p. %, du poids de la poudre de marrons d'Inde mise en expérience. Ce dernier résultat est de 15 *p.* %,

(1) C'est à l'absorption, sous l'influence du calorique, d'une plus grande quantité d'oxigène, par le principe colorant du marron d'Inde, qu'il faut attribuer ce phénomène de coloration. La matière colorante de ce fruit a une grande affinité pour l'oxigène, surtout lorsque l'eau lui sert de véhicule: c'est pourquoi sa pulpe, qui est si blanche, colore immédiatement l'eau dans laquelle on la délaie. Ce liquide prend alors une teinte jaune tirant sur le vert.

plus fort que celui obtenu des 2 *grammes* de poudre traités alternativement par l'alcool et par l'eau, et qui ne fournirent que 28,75 p. % de matières solubles sèches. Il semblerait que l'alcool, en dissolvant d'abord exclusivement la substance gommo-résineuse où réside le principe amer, ait rendu moins solubles par l'eau les autres matières extractives. Quoi qu'il en soit, il résulte de mes expériences comparatives que dans le marron d'Inde écorcé et privé par dessication de toute son eau de végétation, les matières extractives solubles (obtenues soit par l'alcool, puis par l'eau; soit par l'eau seule) figurent, en moyenne, pour 36,25 p. %, et que ces matières solubles, considérées en elles-mêmes, sont constituées principalement (dans la proportion de 57 p. % au moins) par une gomme-résine d'une nature particulière où réside privativement un principe amer très-diffusible; de plus, par environ 8 p. % de matière albuminoïde; par un peu plus de 5 p. % de matière saccharoïde. J'ai encore reconnu parmi les principes qui constituent l'extrait de marron d'Inde, des matières muqueuse, mucilagineuse, saponifère (1), de la potasse, une très-petite quantité de substance végéto-animale, un principe colorant jaune, un principe colorant vert, s'élevant, le tout ensemble, à environ 30 *p.* %.—Je n'ai point cherché à déterminer séparément le poids de cha-cune de ces dernières substances, ayant eu pour but principal, dans mes analyses, d'isoler la matière extrac-

---

(1) Cette substance a déjà été signalée dans le marron d'Inde par M. Figuière, ancien élève pharmacien au Val-de-Grâce. Depuis, M. J. Frémy l'a mieux fait connaître et lui a donné le nom d'acide *esculique*. Selon ce chimiste, c'est dans la matière résineuse du fruit, obtenue par l'alcool (et où réside particulièrement le principe amer) que se trouve la substance analogue à la *saponine*.

tive amère du marron d'Inde et d'en reconnaître exactement la proportion.

C'est donc, je le répète, à une substance gommo-résineuse que le marron d'Inde doit exclusivement son excessive amertume. Comparée au poids brut du fruit récent, cette substance y figure dans la proportion d'un peu plus de 8 p. % (1). Quant à la nature de son principe actif et au nombre des élémens qui le constituent, c'est à la chimie qu'il appartient de le déterminer : jusqu'à présent, elle ne l'a fait que d'une manière contradictoire.

Encore quelques lignes, et j'aurai terminé ces notes auxquelles j'ai donné trop d'étendue peut-être.

Si les nombreuses expériences qui ont été faites sur l'écorce du marronnier d'Inde, comme *succédanée* du quinquina, n'ont eu que des résultats négatifs ou contradictoires, faut-il conclure qu'il en sera de même des essais *faits dans le même but* sur la gomme-résine amère du marron d'Inde ? — Il me semble qu'il serait peu logique d'admettre *à priori*, ou par simple analogie, avant la preuve expérimentale, que, par cela seul que ce produit tire médiatement son origine de *l'æsculus hippocastanum*, il doit être chimiquement identique avec le principe amer caractéristique de l'écorce de cet arbre, et qu'il ne peut avoir, par conséquent, aucune propriété fébrifuge ou anthelmintique, ni même aucune action physiologique bien marquée. — Je serais, certes, assez surpris qu'une substance dont quelques globules suffisent pour produire sur l'organe du goût une impression aussi complexe, aussi durable que celle que j'ai signalée plus

(1) C'est 3 p. %, de plus qu'il n'y a de quinine brute dans le bon quinquina jaune-royal ou Calysaya.

haut, ne possédât aucune vertu thérapeutique et n'exer-
çât, dans certains cas, aucune influence modificatrice
sur l'économie animale.

Dans la Dombe, la Sologne, et dans presque tous les
pays marécageux où les fièvres intermittentes sont endé-
miques, les médecins, qui exercent parmi le peuple
surtout, devraient essayer contre cette affection l'emploi
de *l'extrait résineux amer* du marron d'Inde, et en étu-
dier méthodiquement et *consciencieusement* les effets
thérapeutiques. Le sulfate de quinine est si cher aujour-
d'hui que ce serait rendre un service important aux
pauvres fébricitans des contrées paludéennes que de leur
indiquer un médicament peu coûteux, capable de les
guérir ou d'améliorer leur triste état. Si l'expérience cli-
nique venait à démontrer les propriétés fébrifuges, anti-
périodiques de la matière extractive amère du marron
d'Inde, le problème serait résolu (1); car les pharmaciens
pourraient, avec un notable bénéfice, vendre cette substance aux malades dix à quinze fois moins cher que la
quinine.

(1) Il le serait, selon le docteur Boudin, par l'emploi de l'acide ar-
sénieux; selon MM. Cenni, Max. Simon, etc., par celui de la toile
d'araignée. S'il faut en croire un chimiste célèbre, M. Raspail, aucune
fièvre ne saurait résister à son *eau sédative*. Il y a peu de temps, deux
médecins italiens, MM. Cristofori et Brunetta, ont proclamé la vertu
fébrifuge de la pommade de graisse employée en frictions. Il serait trop
long, certes, de faire ici l'énumération des agens médicamenteux anti-
périodiques tombés dans le domaine de l'oubli, après avoir *brillé* dans
la thérapeutique des fièvres...

TABLE.

— 111 —

TABLEAU SYNOPTIQUE

Présentant les différentes proportions des principes immédiats contenus dans quelques substances végétales, comparées à la nourriture de l'homme et des animaux domestiques.